园林景观设计制图

普通高等教育艺术设计类专业『十二五』规划教材

王强 张俊霞 李杰/编著

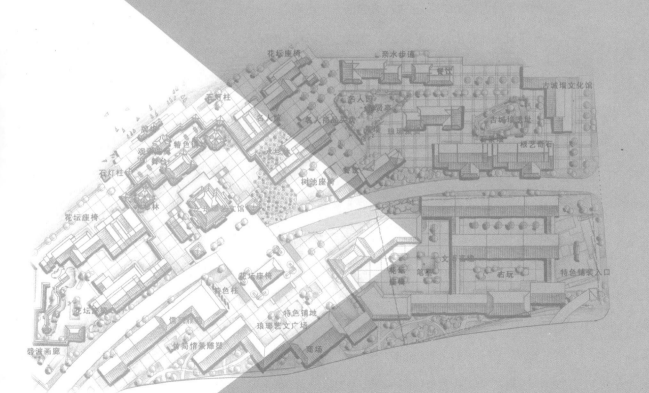

中国水利水电出版社
www.waterpub.com.cn

内容提要

本教材属于"普通高等教育艺术设计类专业'十二五'规划教材"分册之一,根据专业教学大纲的要求,针对目前国内景观(园林)设计、环境艺术设计等专业教学与设计实践的实际情况编写。全书主要内容包括:景观园林制图基本知识;投影作图;园林景观设计图;透视图画法;鸟瞰图画法;园林景观图纸中的要素表达;Auto CAD 计算机辅助制图。

本教材适合高等院校景观园林、环境艺术设计及旅游规划等相关专业师生和相关从业人员使用。

责任编辑 李 亮 010—68545812

LeeL@waterpub.com.cn

图书在版编目(CIP)数据

园林景观设计制图 / 王强,张俊霞,李杰编著. --
北京 :中国水利水电出版社,2012.9
普通高等教育艺术设计类专业"十二五"规划教材
ISBN 978-7-5170-0227-7

Ⅰ. ①园… Ⅱ. ①王… ②张… ③李… Ⅲ. ①景观—
园林设计—建筑制图—高等学校—教材 Ⅳ. ①TU986.2

中国版本图书馆CIP数据核字(2012)第233453号

书 名	普通高等教育艺术设计类专业"十二五"规划教材 **园林景观设计制图**	
作 者	王强 张俊霞 李杰 编著	
出版发行	中国水利水电出版社	
	(北京市海淀区玉渊潭南路1号D座 100038)	
	网址:www.waterpub.com.cn	
	E - mail:sales@waterpub.com.cn	
	电话:(010) 68367658 (发行部)	
经 售	北京科水图书销售中心 (零售)	
	电话:(010) 88383994、63202643、68545874	
	全国各地新华书店和相关出版物销售网点	
排 版	中国水利水电出版社微机排版中心	
印 刷	北京嘉恒彩色印刷有限责任公司	
规 格	210mm×285mm 16 开本 12.25 印张 380 千字	
版 次	2012 年 9 月第 1 版 2012 年 9 月第 1 次印刷	
印 数	0001—3000 册	
定 价	**32.00 元**	

前言

自 20 世纪 80 年代末以来，园林景观专业在我国进入了蓬勃发展的阶段。社会经济的进步和物质文化生活水平的提高使得人们对环境质量提出了越来越高的要求，同时近年来对社会生态和可持续发展的逐步重视又给这门学科注入了新的内涵，园林景观在社会生活中日益得到关注。作为一门研究人类环境艺术的综合性学科，园林景观和建筑、规划等学科一样成为创造优美和谐环境的主力军，但是也应当看到，相对于发展成熟的建筑规划学科，园林景观毕竟还较为年轻，这就需要逐步加深景观理论研究，提高人才培养的质量和水平，推动专业的全面发展，为社会提供合格的园林景观人才。

面对新形势下园林景观设计人才对园林制图知识和技能培养的需求，本教材力图准确把握园林景观制图在景观课程体系中的基础地位，注重总结教学实践经验，突出景观园林制图特点，力求为全面提高学生的综合设计能力、创新思维能力和专业素养打下良好基础。

本教材由王强、张俊霞、李杰编著并统稿，具体编写分工如下：王强（山东工艺美术学院），第一章、第二章及附录；张俊霞（山东农业大学），第四章、第五章、第六章；李杰（山东省农业管理干部学院），第二章、第三章；李杰、洪燕（甘肃省舟曲县城关镇政府），第七章。

本教材适合高等院校园林景观、环境设计及旅游规划等相关专业师生或相关从业人员使用。在编写过程中参考了部分本学科的优秀教材、文献等资料，谨向其作者表示感谢。同时，恳切希望广大读者对本书提出意见和建议，以便修订时加以完善、提高。

王　强

2012 年 8 月

目　　录

第一章

景观园林制图基本知识

园林景观图纸是景观设计人员表达设计意图的基本语言，也是景观工程建设施工的重要依据；因此制图过程必须按照统一的标准和规范来进行，以保证图纸质量，提高作图效率，满足景观工程设计、施工等方面的需要。我国目前景观专业制图基本沿用国家颁布的建筑制图相关标准，如《房屋建筑制图统一标准》（GB 50001—2010）、《风景园林图例图示标准》（CJJ 67—95）（见附录）等。

第一节 制图基本规定

一、图纸幅面与图框规格

根据《技术制图——图纸幅面和格式》（GB/T 14689—2008）和《房屋建筑制图统一标准》（GB 50001—2010）的规定，景观园林图纸的基本幅面规格有 5 种，其代号分别为 A0、A1、A2、A3、A4，习惯称之为零号图纸、一号图纸等，相邻幅面对应边的比例为 $\sqrt{2}$，具体规定如表 1-1 所示，其中 $b \times 1$ 为图纸的短边乘以长边，a、c 为图框线与幅面线之间的宽度，其数值与幅面大小有关，详见表 1-1。

表 1-1　　　　图纸的幅面规格及尺寸　　　　单位：mm

幅面代号 尺寸代号	A0	A1	A2	A3	A4
$b \times 1$	841×1189	594×841	420×594	297×420	210×297
c	10			5	
a	25				

需要微缩复制的图纸，其一个边上应附有一段准确米制尺度，四个边上均附有对中标志，米制尺度的总长应为 100mm，分格应为 10mm。对中标志应画在图纸内框各边长的中点处，线宽 0.35mm，应伸入内框边，在框外为 5mm。

图纸以短边作为垂直边应为横式，以短边作为水平边应为立式。A0~A3 图纸宜横式使用；必要时，也可立式使用。

一个工程设计中，每个专业所使用的图纸，不宜多于两种幅面，不含目录及表格所采用的 A4 幅面。

图纸的短边尺寸不应加长，A0~A3 幅面长边尺寸可加长，但应符合表 1-2 的规定。

表 1-2 图形长边加长尺寸

幅面代号	长边尺寸	长边加长后的尺寸
A0	1189	1486（A0+1/4l）　1635（A0+3/8l）　1783（A0+1/2l）　1932（A0+5/8l）　2080（A0+3/4l）　2230（A0+7/8l）　2378（A0+1l）
A1	841	1051（A1+1/4l）　1261（A1+1/2l）　1471（A1+3/4l）　1682（A1+1l）　1892（A1+5/4l）　2102（A1+3/2l）
A2	594	743（A2+1/4l）　891（A2+1/2l）　1041（A2+3/4l）　1189（A2+1l）　1338（A2+5/4l）　1486（A2+3/2l）　1635（A2+7/4l）　1783（A2+2l）　1932（A2+9/4l）　2080（A2+5/2l）
A3	420	630（A3+1/2l）　841（A3+1l）　1051（A3+3/2l）　1261（A3+2l）　1471（A3+5/2l）　1682（A3+3l）　1892（A3+7/2l）

注　有特殊需要的图纸，可采用 $b×l$ 为 841mm×891mm 与 1189mm×1261mm 的幅面。

二、标题栏与会签栏

图纸中应有标题栏、图框线、幅面线、装订边线和对中标志。图纸的标题栏及装订边的位置，应符合下列规定：

横式使用的图纸，应按图 1-1 的形式进行布置；

立式使用的图纸，应按图 1-2 的形式进行布置。

标题栏应按图 1-3，图 1-4 所示，根据工程的需要选择确定其尺寸、格式及分区。签字栏应包括实名列和签名列，并应符合下列规定：

（1）涉外工程的标题栏内，各项主要内容的中文下方应附有译文，设计单位的上方或左方，应加"中华人民共和国"字样。

（2）在计算机制图文件中当使用电子签名与认证时，应符合国家有关电子签名法的规定。

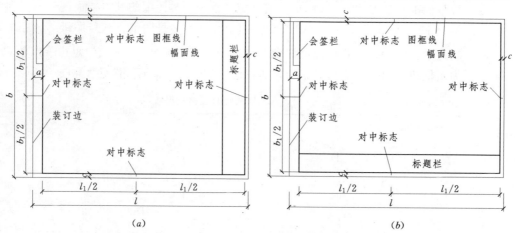

（a）　　　　　　　　　　　　　　　　　（b）

图 1-1　A0～A3 横式幅面
（a）A0～A3 横式幅面（一）；（b）A0～A3 横式幅面（二）

三、图线

为清晰表达设计图样，工程图纸中采用不同的线宽和线型来表示不同的内容，制图中常用的线型有：实线、虚线、点划线、折断线及波浪线等。根据《房屋建筑制图统一标准》（GB 50001—2010），工程建筑制图，应选用表 1-3 所示的图线。

图线画法：

同一张图纸内，相同比例的各图样，应选用相同的线宽组。

相互平行的图例线，其净间隙或线中间隙不宜小于 0.2mm。

虚线、单点长画线或双点长画线的线段长度和间隔，宜各自相等。

单点长画线或双点长画线，当在较小图形中绘制有困难时，可用实线代替。

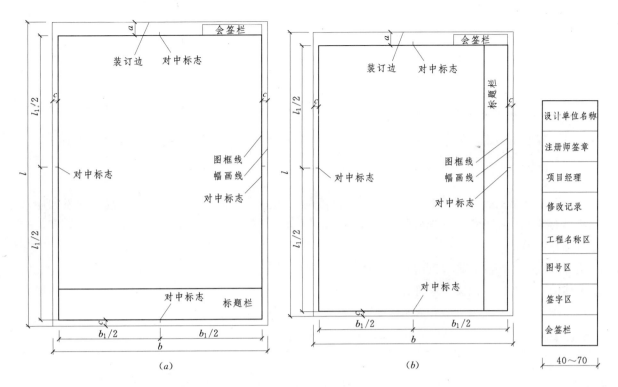

图 1-2　A0～A4 立式幅面

（*a*）A0～A4 立式幅面（一）；（*b*）A0～A4 立式幅面（二）

图 1-3　标题栏（一）

设计单位名称	注册师签章	项目经理	修改记录	工程名称区	图号区	签字区	会签栏

图 1-4　标题栏（二）

表 1-3　　　　　　　　　　　　　　　　　图　　线

名　称		线　　型	线　宽	一　般　用　途
实线	粗		b	主要可见轮廓线
	中		$0.5b$	可见轮廓线
	细		$0.25b$	可见轮廓线、图例线等
虚线	粗		b	见各有关专业制图标准
	中		$0.5b$	不可见轮廓线
	细		$0.25b$	不可见轮廓线、图例线等
单点划线	粗		b	见各有关专业制图标准
	中		$0.5b$	见各有关专业制图标准
	细		$0.25b$	中心线、对称线等
双点划线	粗		b	见各有关专业制图标准
	中		$0.5b$	见各有关专业制图标准
	细		$0.25b$	假想轮廓线、成型前原始轮廓线
折断线			$0.25b$	断开界线
波浪线			$0.25b$	断开界线

单点长画线或双点长画线的两端，不应是点。点画线与点画线交接点或点画线与其他图线交接时，应是线段交接。

虚线与虚线交接或虚线与其他图线交接时，应是线段交接。虚线为实线的延长线时，不得与实线相接。

图线不得与文字、数字或符号重叠、混淆，不可避免时，应首先保证文字的清晰。

四、字体

园林工程制图中的字体包括汉字、字母、数字和符号等，它们的书写均应达到笔画清晰、字体端正、排列整齐的要求。

（一）文字

工程图中文字的大小应根据图样的大小、图纸的比例等具体情况从制图标准中规定的系列中选用，字高有 3.5mm、5mm、7mm、10mm、14mm、20mm，如特殊情况下需书写更大的字，其高度应按 $\sqrt{2}$ 的比值递增。

图样及说明中的汉字，宜采用长仿宋体（矢量字体）或黑体，同一图纸字体种类不应超过两种。长仿宋体的宽度与高度的关系应符合表 1-4 的规定，黑体字的宽度与高度应相同。大标题、图册封面、地形图等的汉字，也可书写成其他字体，但应易于辨认。

表 1-4　　　　　　　　　　　　　长仿宋字体的高宽关系　　　　　　　　　　　　单位：mm

字　高	20	14	10	7	5	3.5
字　宽	14	10	7	5	3.5	2.5

中华人民共和国国家标准《技术制图——字体》（GB/T 14691—93）规定了关于技术制图中关于字体书写的基本要求。

书写长仿宋字时，宜先打好字格以做到字体工整、笔画清楚、间隔均匀、排列整齐，字格的高宽比宜采用 3：2，字间距为字高的 1/4，行距为字高的 1/3。

长仿宋字的书写应注意字体的结构，掌握好横、竖、撇、捺、钩、挑等笔画的位置和比例关系，使汉字的整体间架结构保持平稳匀称、疏密有致，书写时注意起笔和落笔的笔锋顿挫、笔画干净有力且做到横平竖直。

长仿宋字书写字例见图 1-5。

景	观	园	林	平	立	剖	面	详	透	视	鸟
瞰	房	屋	建	筑	制	图	统	一	标	准	设
计	说	明	植	物	苗	木	比	例	尺	寸	单
位	日	期	审	核	长	宽	高	厚	规	范	城
市	道	路	规	划	绿	地	系	统	编	制	纲
要	风	景	名	胜	居	住	区	环	境	湿	地
生	态	一	二	三	四	五	六	七	八	九	十

图 1-5　仿宋字示例

表 1-5　　拉丁字母、阿拉伯数字与罗马数字书写规则

书　写　格　式	一般字体	窄字体
大写字母高度	h	h
小写字母高度（上下均无延伸）	7/10h	10/14h
小写字母伸出的头部或尾部	3/10h	4/14h
笔画宽度	1/10h	1/14h
字母间距	2/10h	2/14h
上下行基准线最小间距	15/10h	21/14h
词间距	6/10h	6/14h

（二）字母和数字

工程制图中常用到大量的阿拉伯数字、罗马数字与拉丁字母等，其书写应该排列整齐、端正清晰，其书写与排列应符合表 1-5 的规定。字母和数字可以根据需要书写成直体或斜体，斜体字的斜度应是从字的底线逆时针向上倾斜 75°，斜体字的高度与宽度应与相应的直体字相等。拉丁字母、阿拉伯数字与罗马数字的字高，应不小于 2.5mm。

拉丁字母、阿拉伯数字示例见图 1-6。

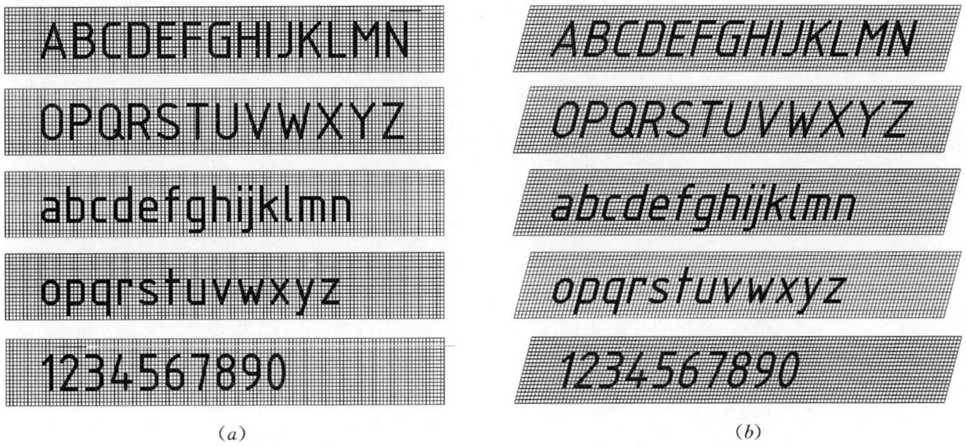

图 1-6 字母和数字示例
（a）拉丁字母、数字直体；（b）拉丁字母、数字斜体

绘图常用拉丁字母与阿拉伯数字字体示例见图 1-7。

图 1-7 绘图常用拉丁字母与阿拉伯数字字体示例

五、比例

园林景观图纸中所设计的内容，通常都不能按照它们的实际大小绘制到图纸上，需要将其按一定的比例进行缩小，图纸中图样的比例即为图形与实物相对应的线性尺寸之比，比例的大小，是指其比值的大小，如 1：50 大于 1：100。

比例以阿拉伯数字表示，其符号为"："，如 1：2、1：100 等。比例一般位于图名的右侧，其字高宜比图名的字高小一号至二号。绘图时应根据图样的用途与被绘对象的复杂程度选用比例（表 1-6），并优先使用常用比例。

表 1-6	绘图所用比例
常用比例	1:1、1:2、1:5、1:10、1:20、1:30、1:50、1:100、1:150、1:200、1:500、1:1000、1:2000
可用比例	1:3、1:4、1:6、1:15、1:25、1:40、1:60、1:80、1:250、1:300、1:400、1:600、1:5000、1:10000、1:20000、1:50000、1:100000、1:200000

一般情况下，一个图样应选用一种比例。根据专业制图需要，同一图样可选用两种比例。特殊情况下也可自选比例，这时除应注出绘图比例外，还必须在适当位置绘制出相应的比例尺。

六、索引和标注

（一）索引

在园林景观制图尤其是施工图绘制中，经常需要以详图的形式来表示图样中的某一局部或构件，此时应以索引符号进行索引。索引符号由直径为 8~10mm 的圆和水平直径组成，圆及水平直径均以细实线绘制［图 1-8（a）］。

如索引出的详图与被索引图样在同一张图纸内，应在索引符号的上半圆中用阿拉伯数字注明该详图的编号，在下半圆中间画一段水平细实线［图 1-8（b）］，否则的话应在索引符号的下半圆中用阿拉伯数字注明该详图所在图纸的编号［图 1-8（c）］。索引出的详图，如采用标准图，应在索引符号水平直径的延长线上注明该标准图册的编号［图 1-8（d）］。

索引符号如用于索引剖视详图，应在被剖切的部位绘制剖切位置线，并以引出线引出索引符号，引出线所在的一侧应为剖视方向［图 1-8（e）］。

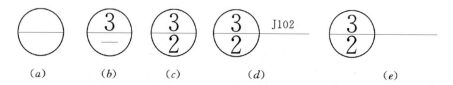

（a） （b） （c） （d） （e）

图 1-8 索引符号

绘图时应以详图符号表示详图的位置和编号，详图符号是直径为 14mm 粗实线绘制的圆。详图与被索引的图样在同一张图纸内时，应在详图符号内用阿拉伯数字注明详图的编号，否则应用细实线在详图符号内画一水平直径，在上半圆中注明详图编号，在下半圆中注明被索引的图纸的编号（图 1-9）。

引出线应以细实线绘制，宜采用水平方向的直线、与水平方向成 30°、45°、60°、90°的直线，或经上述角度再折为水平线。文字说明宜注写在水平线的上方，也可注写在水平线的端部。索引详图的引出线，应与水平直径线相连接（图 1-10）。

图 1-9 详图符号   **图 1-10 引出线**

（二）标注

工程图样上所标注的尺寸，一般由尺寸界线、尺寸线、尺寸起止符号和尺寸数字组成；尺寸界线用细实线绘制，一般垂直于被标注长度，其一端与图样轮廓线的距离不小于 2mm，另一端宜超出尺寸线 2~3mm，图样轮廓线本身可用作尺寸界线；尺寸线一般用细实线绘制，与被注长度平行，图样本身的任何图线均不得用作尺寸线；建筑制图中的尺寸起止符号一般用中粗斜短线绘制，其倾斜方向应与尺寸界线成顺时针 45°角，长度宜为 2~3mm（图 1-11）；半径、直径、角度与弧长的尺寸起止符号，宜用箭头表示（图 1-12）。

工程图样上的尺寸，应以所标注的尺寸数字为准，不能从图上直接量取。图样上的尺寸单位、标高及总平面图以米为单位，其他则以毫米为单位。尺寸数字的方向，应按图1-12的规定注写。

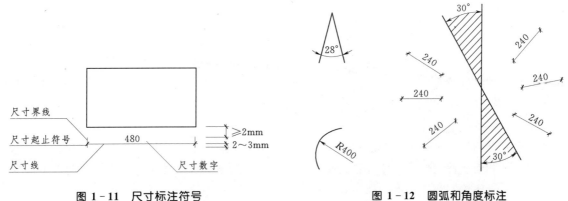

图1-11 尺寸标注符号   图1-12 圆弧和角度标注

第二节 常用绘图工具及使用方法

一、图板、丁字尺和三角板

（一）图板

图板是园林景观制图最为基本和常用的工具，一般按照图板的大小可分为零号板（1200mm×900mm）、一号板（900mm×600mm）和二号板（600mm×450mm），制图时应根据图纸的幅面选择相应大小的图板。图板一般由边框和面板组成，面板应光滑平整、软硬适度、有弹性，边框尤其是短边（即工作边）要平直。使用中应注意保护图板，避免扭曲变形而影响作图效果。

（二）丁字尺

丁字尺是用来画较长水平直线及辅助三角板制图的工具，由相互垂直的尺头和尺身组成，现在常用的丁字尺多用有机玻璃制成，在尺身的一侧标有刻度，分1200mm、900mm、600mm三种规格。

在制图过程中，一般用丁字尺的尺头紧靠图板的工作边使丁字尺上下移动，右手从左向右画出直线，若线段较长宜用左手辅助固定尺身。

丁字尺应悬挂存放以避免扭曲变形，在使用时应注意保护其工作边光滑平整，保证作图质量（图1-13）。

（三）三角板

制图用三角板一般由两块组成一副，一块是等腰直角三角形，两锐角均为45°，另一块直角三角形两锐角分别为30°和60°，在三角板边上均有相应长度或角度刻度，与丁字尺配合使用可绘制垂直线、平行线和不同角度斜线（图1-14）。

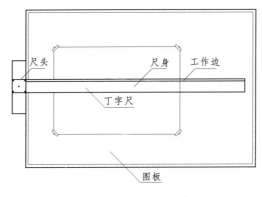

图1-13 图板和丁字尺

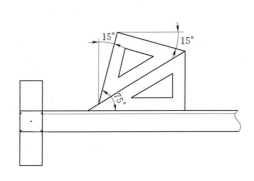

图1-14 丁字尺和三角板作图

· 7 ·

二、绘图用笔

（一）绘图铅笔

绘图铅笔根据铅芯的软硬程度分成不同的等级，常用 H 和 B 来表示，HB 为中等硬度，在作图中一般用 2B 以上的较软铅笔来构思方案、素描等，而绘制底稿和细线时则常用 H～2H 等硬铅。

绘图时要将铅笔削尖并使铅芯露出约 5mm 的长度，并根据字体和线条的不同需要将尖端磨成锥形和楔形，运笔时宜将笔向运笔方向适当倾斜以保持均衡的用力和速度，以使线条粗细深浅均匀一致。

（二）针管笔

针管笔是专门用来绘制墨线图的制图工具，其构造与普通钢笔的不同之处在于笔尖，针管笔笔尖由针管、重针和连接件组成，其中针管直径大小决定了所绘墨线线条的粗细，在一般制图中最少需要三种规格的针管笔绘制相应宽度的线条，常用宽度有 0.1mm、0.2mm、0.3mm、…、1.5mm 等。

针管笔除直接用来绘制墨线线条外，还经常与圆规连接在一起用来绘制圆或圆弧。

为延长使用寿命、保证作图质量，应注意正确使用和保养针管笔，首先要选择质量较好的专用墨水并适量加注，其次在绘图时避免用力过猛以损坏针管和重针，另外要注意定期清洗针管笔，避免笔尖墨水干结堵塞笔管，影响后续使用。

三、绘图仪器

（一）圆规

圆规是用来绘制圆或圆弧的制图工具，圆规的一支规脚用来安装钢针用以画圆时固定圆心，另一支规脚可安装铅芯、直线笔或钢针，以满足不同的作图需要。

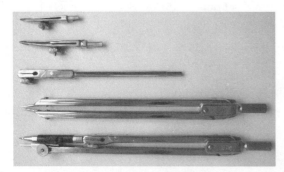

图 1-15 圆规及其部件

用圆规画圆时，应先调整针脚，使钢针针尖略长于铅芯或直线笔尖，然后再调整两针脚间的距离等于半径，继而对准圆心，从右下侧开始按顺时针方向旋转圆规画圆即可。

画圆时应注意使规身略向前倾并尽量使两规脚尖端同时垂直于画板，画圆或圆弧应一次完成。画半径较大的圆时可在规脚上连接套杆以完成作图。

圆规及其部件图见图 1-15。

（二）分规

分规是用来等分线段、量取尺寸、截取线段等的工具，其构造和工作原理类似于圆规，不同的是其两个规脚均安装固定钢针。使用时应注意使两个针尖准确地落在待分线条上以避免误差。需要进行微调来量取线段绘图时可使用弹簧分规。

（三）鸭嘴笔

鸭嘴笔又称直线笔，是绘制一定宽度墨线线条的常用工具，鸭嘴笔笔尖由两片弹性钢片组成，使用时应先用绘图钢笔或注墨管小心将墨水加入钢片中间，并通过安装在上面的调节螺丝调整钢片的间距以画出不同宽度的墨线，画线时应保持均匀的速度和力量，使用完毕应清洗干净并拧松螺丝进行存放。

四、其他用具

（一）比例尺

比例尺又称三棱尺，是制图时用来量取或绘制某比例下一定长度线段的工具（图 1-16），在三棱尺的三面尺身上共标有从 1：100 到 1：600 六种比例的刻度，供作图时选用。

（二）曲线板

曲线板（图 1-17）是用来绘制非圆曲线的制图工具，绘图时应根据所绘曲线的弯曲程度选择曲线板上与之吻合的一段进行描绘，并注意不同线段之间的连接以使绘出的曲线光滑流畅。

图1-16　比例尺

图1-17　曲线板

（三）绘图模板

绘图模板（图1-18）是用来绘制各种标准图例和常用符号的工具，包括结构模板等专业模板和圆模板等通用模板，制图时可以根据不同的需要进行选择以提高绘图效率。

（四）擦图片

擦图片（图1-19）是用来擦拭、修改图线的工具，使用时应选择擦图片上适合的缺口对准需要擦除的线条，用绘图橡皮轻轻擦拭即可，使用擦图片便于修改较为细小的线条。

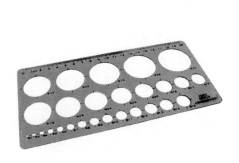

图1-18　圆模板

图1-19　擦图片

（五）其他

在园林景观制图中除了上述的常用制图工具外，还常用到制图纸张、刀片、透明胶带等。制图纸张分为绘图纸和描图纸，绘图纸要求纸面洁白、纸质坚韧、绘制墨线时不宜洇透，橡皮擦拭不宜起毛等；描图纸则要求透明度高、纸质柔韧、依着墨等。刀片常有的有单面刀片和双面刀片，前者主要用于裁切纸张，后者用来刮除错误墨线之用。

投 影 作 图

第一节 投 影 的 基 本 知 识

一、投影的概念

（一）投影的形成

一物体在固定点光源的照射下，会在某平面上产生影子，这个影子能够反映出物体的外轮廓，且影子的形状和大小会随着光线的角度及距离的改变而不同（图 2-1）。

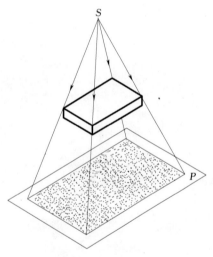

图 2-1 投影的形成

假定空间某点 S 为光源，发出的光线只将物体上各顶点和棱线的影子投射到平面 P 上，此时平面 P 上的图形便称为投影，这里的点 S 称为投影中心，光线称为投射线，平面 P 称为投影面，这种得到物体投影的方法，称为投影法。

（二）投影的分类

投影可以为中心投影和平行投影两类。

1. 中心投影

投影中心 S 在一定距离内发出放射状的投射线，这些投射线所形成的物体的投影，称为中心投影（图 2-1）。

2. 平行投影

由互相平行的投射线作形成的物体的投影，称为平行投影。

根据投射线与投影面的角度不同，平行投影又分为如下两种：

（1）正投影。

投射线垂直于投影面时所形成的平行投影称为正投影（图 2-2）。

（2）斜投影。

投射线倾斜于投影面时所形成的平行投影称为斜投影（图 2-3）。

3. 平行投影的特性

几何形体是由点、线、面等基本要素组成，只有掌握这些要素的投影特性，才能正确画出几何形体的三面投影图。

（1）从属性。

若点在直线上，则其投影一定位于直线的投影上，投影结果仍保留原从属关系不变。如图 2-4 所示，点 C 在直线 AB 上，必有 c 在 ab 上。

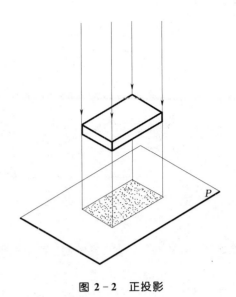

图 2-2　正投影

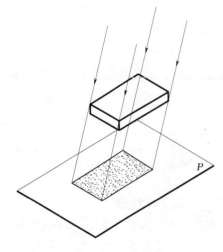

图 2-3　斜投影

（2）积聚性。

若空间直线垂直于投影面，则其投影积聚为一点；若平面图形垂直于投影面，则其投影积聚为一直线段。如图 2-5 所示，已知 $AB \perp P$ 面，则线段 AB 的投影为点 a，已知 $\triangle ABC \perp P$ 面，则其投影为直线段 ac。

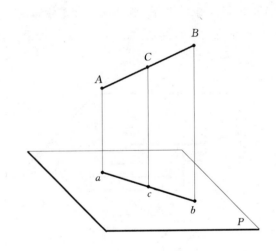

图 2-4　平行投影的从属性和定比性

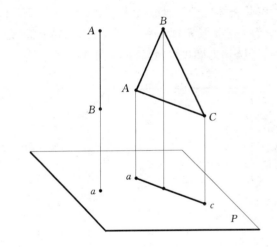

图 2-5　平行投影的积聚性

（3）平行性。

空间两平行直线的投影仍保持互相平行的关系。如图 2-6 所示，若已知 $AB /\!/ CD$，必有 $ab /\!/ cd$。

（4）定比性。

点分线段所形成的两线段长度之比等于此两线段的投影长度之比。如图 2-4 所示，$AC/CB = ac/cb$。

两平行线段长度之比等于它们的投影长度之比。如图 2-6 所示，$AB/CD = ab/cd$。

（5）实形性。

若某一线段平行于投影面，则其投影反映线段的实长；若平面图形平行于投影面，则其投影反映平面图形的实形。如图 2-7 所示，已知 $DE /\!/ P$ 面，必有 $DE = de$。已知 $\triangle ABC /\!/ P$ 面，必有 $\triangle ABC \cong \triangle abc$。

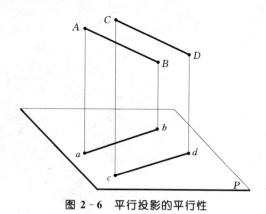

图 2-6 平行投影的平行性

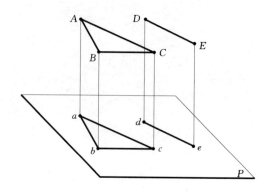

图 2-7 平行投影的实形性

二、三面正投影图

一个投影面仅仅能表现出某物体一个侧面的形状。要完整地确定物体的形状则必须绘制三面正投影图。

（一）三投影面体系

三投影面体系是由空间中 3 个相互垂直的平面所构成的，其中水平位置的平面称之为水平投影面，常用 H 表示，与水平投影面垂直且位于正立位置的平面称之为正立投影面，常用 V 表示，与上述两平面都垂直的平面称之为侧立投影面，常用 W 表示（图 2-8）。

H 面与 V 面所形成的相交线 OX 称作 OX 轴，H 面与 W 面所形成的相交线 OY 称作 OY 轴，V 面与 W 面所形成的相交线 OZ 称作 OZ 轴，这 3 条投影轴相交于点 O，称为原点。

（二）三面正投影图

将某物体置于三投影面体系中，向 3 个投影面进行正投影，可以得到该物体的三面正投影图。位于 H 面上的正投影图，称之为水平投影图；位于 V 面上的正投影图，称之为正面投影图；位于 W 面上的正投影图，称之为侧面投影图（图 2-9）。

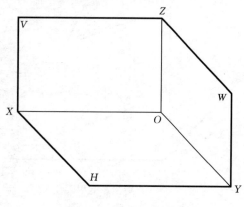

图 2-8 三投影面体系

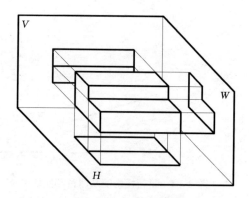

图 2-9 三面正投影图

（三）三投影面的展开

为了将位于三维空间中的三投影面体系在同一平面上表示出来，需将投影面进行展开，根据工程图样绘制的有关规定，将 V 面保持不动，H 面沿 OX 轴向下旋转 90°，W 面沿 OZ 轴向右旋转 90°，此时 H 面和 W 面就处于 V 面所在的平面上了。

三个投影面展开后，三条投影轴形成两条垂直相交的直线，原 OX 轴和 OZ 轴保持不变，原 OY 轴分为两条，位于 H 面上的用 OY_H 表示，与 OZ 轴成一直线；位于 W 面上的用 OY_w 表示，与 OX 轴成一直线。

三面正投影图展开后，如图 2-10 所示，水平投影图位于正面投影图正下方，侧面投影图位于正面投影图正右方。由于投影面是空间中的假想平面，所以作图时一般不画出投影面的边界，在工程图样中投影轴一般也不画出来。

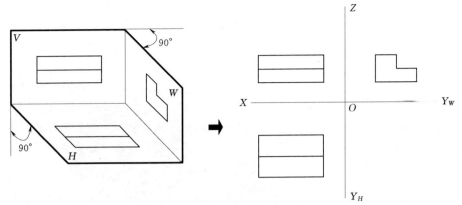

图 2-10 三投影面的展开

（四）三面正投影图的投影规律

在三面正投影图中，正面投影图与水平投影图等长，即"正平长对正"；水平投影图与侧面投影图等宽，即"平侧宽相等"；正面投影图与侧面投影图等高，即"正侧高平齐"。

在三面正投影图中，无论是物体总的长、宽、高，还是局部的长、宽、高，都必须符合"长对正、宽相等、高平齐"的对应关系。

当物体与投影面的相对位置关系确定以后，它就有上、下、左、右、前、后6个确定的方向，三面正投影图中的每个正投影图均能反映物体的4个方向的情况，即正面投影图反映上、下、左、右的情况，水平投影图反映前、后、左、右的情况，侧面投影图反映上、下、前、后的情况。

（五）三面正投影图的画法

（1）在图纸上绘制投影轴，如图 2-11 所示。

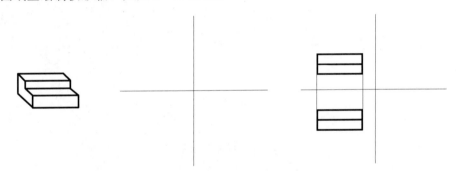

图 2-11 绘制投影轴和正面投影图

（2）绘制正面投影图或水平投影图。

（3）根据三面正投影图的投影规律，由正面投影图向侧立投影面引水平直线得到物体垂直方向的尺度，由水平投影图向侧立投影面作引线得到物体水平方向的尺度，将各交点连接得到侧面投影图，如图 2-12 所示。

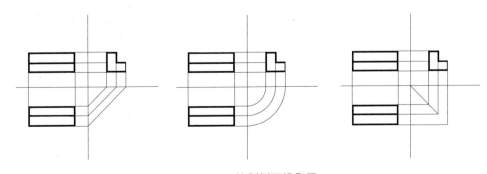

图 2-12 绘制侧面投影图

第二节 点、直线和平面的投影

一、点的投影

（一）点的两面投影

空间点的位置不能根据其单面投影来确定它的空间位置，此时可采用两投影面体系，该体系是由

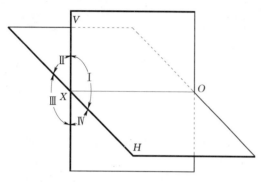

图 2 - 13 两投影面体系

相互垂直的水平投影面 H 和正立投影面 V 组成的（图 2 - 13）。两投影面的交线 OX 称为投影轴。H 面和 V 面将空间分成 4 个部分，并分别称为 Ⅰ、Ⅱ、Ⅲ 和 Ⅳ 象限。

如图 2 - 14（a）所示，空间点 A 位于两面投影体系中，自点 A 分别向 H 面和 V 面作垂线，所得到的两个垂足，即为点 A 的两个正投影（简称投影）。其中，水平投影面 H 上的投影叫水平投影，用小写字母 a 表示；正立投影面 V 上的投影叫正面投影，用在小写字母 a' 表示。

为使投影 a 和 a' 处在同一平面上，保持 V 面不动，使 H 面绕投影轴 OX 向下旋转 $90°$ 与 V 面重合，这样便得到图 2 - 14（b）所示点 A 的两面投影图。一般不画出投影面的边框，而只画出投影轴和投影连线 aa'，如图 2 - 14（c）所示。

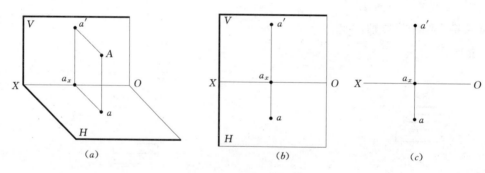

(a) (b) (c)

图 2 - 14 点的两面投影

如图 2 - 14（a）所示，Aa 和 Aa' 所决定的平面既垂直于 H 面又垂直于 V 面，因而垂直于它们的交线 OX，垂足为 a_x。OX 垂直于 aa_x 和 $a'a_x$，在 H 面旋转至与 V 面重合的过程中，此垂直关系不变。$Aa'a_xa$ 为一矩形，所以 $a'a_x=Aa$，$aa_x=Aa'$。因此，点的两面投影有以下规律：

（1）点的水平投影和正面投影的连线垂直于 OX 轴，即 $aa'\perp OX$。

（2）点的水平投影到 OX 轴的距离反映空间点到 V 面的距离，即 $aa_x=Aa'$；点的正面投影到 OX 轴的距离反映空间点到 H 面的距离，即 $a'a_x=Aa$。

如果点 A 在 H 面上，如图 2 - 15（a）所示，它在 H 面上的投影 a 便与点 A 自身重合，而在 V 面上的投影 a' 则落在投影轴 OX 上。点 B 在 V 面上，它在 V 面上的投影 b' 与 B 自身重合，而在 H 面上的投影 b 则落在投影轴 OX 上。点 C 在投影轴 OX 上，它在 V 面上的投影 c' 及在 H 面上的投影 c 均与 C 自身重合。图 2 - 15（b）所示为点 A、B、C 的投影图。

（二）点的三面投影

如图 2 - 16（a）所示，三投影面体系中有一点 A，它在 H 面和 V 面上的投影分别为 a 和 a'，自点 A 向 W 面作垂线，其垂足即为点 A 的侧面投影，用带两撇的相应小写字母 a'' 表示。为使投影 a、a' 和 a'' 处在同一个平面上，仍规定 V 面不动，使 H 面绕投影轴 OX 向下旋转 $90°$，使 W 面绕投影轴 OZ 向右旋转 $90°$，都与 V 面重合。这里，OY 轴分两支，随 H 面旋转后的 OY 轴用 OY_H 表示，随 W

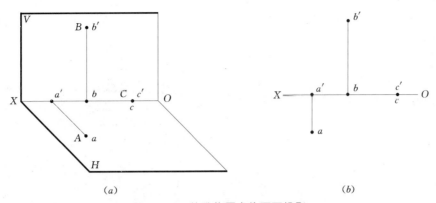

(a)　　　　　　　　　　　(b)

图 2-15　特殊位置点的两面投影

面旋转后的 OY 轴用 OY_W 表示。去掉各投影面边框后的点的三面投影图，如图 2-16（c）所示。依据点的两面投影规律，便可得出点的三面投影规律：

（1）点的水平投影与正面投影的连线垂直于 OX 轴，即 $aa' \perp OX$；

（2）点的正面投影和侧面投影的连线垂直于 OZ 轴，即 $a'a'' \perp OZ$；

（3）点的侧面投影到 OZ 轴的距离与点的水平投影到 OX 轴的距离，都等于点到 V 面的距离，即 $a''a_z = aa_x = Aa'$。

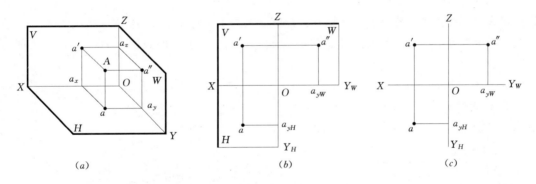

(a)　　　　　　　　　　(b)　　　　　　　　　　(c)

图 2-16　点的三面投影

如果点位于某一投影面内，则它在该投影面上的投影与其本身重合，另外两投影位于相应的投影轴上，如图 2-17 中的点 A 在 V 面上的投影 a' 与点 A 自身重合，在 H 面上的投影 a 落在 OX 轴上，在 W 面上的投影 a'' 落在投影 OZ 轴上。如果点位于某一投影轴上，则它有两个投影与其本身重合，一个投影与原点 O 重合，如图 2-17 中的点 B 在 OY 轴上，其在 H 面上的投影 b 与在 W 面上的投影 b'' 都与点 B 自身重合，在 V 面上的投影 b' 落在原点 O 处。

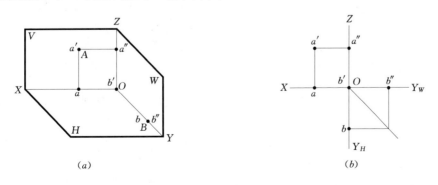

(a)　　　　　　　　　　　(b)

图 2-17　特殊位置点的三面投影

例 2-1：已知点 A 的水平投影 a 和正面投影 a'，求其侧面投影 a''，见图 2-18（a）。

分析：根据点的投影规律，点的正面投影和侧面投影的连线垂直 OZ 轴，故侧面投影 a'' 必在过点 a' 向 OZ 轴作的垂线上；又根据点的侧面投影到 OZ 轴的距离等于水平投影到 OX 轴的距离，因此可作 45°辅助线，根据水平投影 a 求得侧面投影 a''。

作图步骤：

(1) 图 2-18 (b)，过点 a' 向 OZ 轴作垂线，并与 OZ 轴交于点 a_z；

(2) 图 2-18 (c)，在 $a'a$ 的延长线上，利用 45°辅助线，截取 $a_z a''=aa_x$，即得所求点 a''。

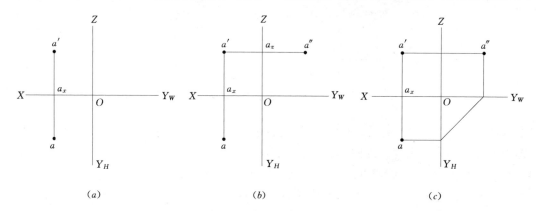

图 2-18　求点的侧面投影

（三）点的投影与直角坐标

如果将三投影面体系看作是直角坐标系，投影面相当于坐标平面，投影轴相当于坐标轴，投影面的原点相当于坐标面的原点。空间点 A 的坐标 (x, y, z) 与点 A 的投影 (a, a', a'') 之间有如下关系（图 2-19）：

点 A 的水平投影 a，由坐标 x，y 确定；

点 A 的正面投影 a'，由坐标 x，z 确定；

点 A 的侧面投影 a''，由坐标 y，z 确定。

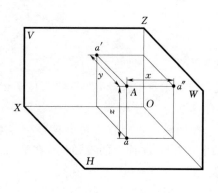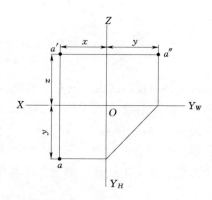

图 2-19　点的投影与直角坐标

（四）两点的相对位置

(1) 两点相对位置的判定。

空间两点的左右、前后和上下位置关系可以用它们的坐标大小来判定。

X 坐标大者在左，反之在右；

Y 坐标大者在前，反之在后；

Z 坐标大者在上，反之在下。

如图 2-20 中的 A 点与 B 点相比，A 点在右、后、上的位置，而 B 点则在 A 点的左、前、下方。

(2) 重影点。

如图 2-21 所示，A、B 两点位于垂直于 V 面的同一投射线上，这时它们的投影 a'、b' 重合，A、

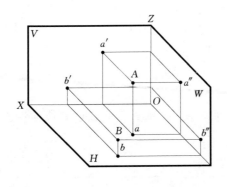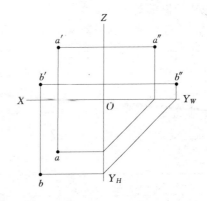

图 2-20 两点相对位置

B 则称之为对 V 面的重影点，同理可知存在对 H 面及对 W 面的重影点。

对 V 面的重影点是正前、正后方的关系；

对 H 面的重影点是正上、正下方的关系；

对 W 面的重影点是正左、正右方的关系。

如果沿着投射方向观看重影点，必然有一点可见，而另一点不可见，可见性的判断依据是其坐标值。X 坐标值大者遮挡住 X 坐标值小者；Y 坐标值大者遮挡住 Y 坐标值小者；Z 坐标值大者遮挡住 Z 坐标值小者。被遮点一般要在同面投影符号上加圆括号进行表示，如 (b')。

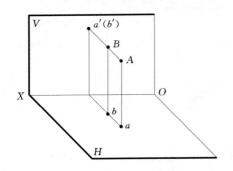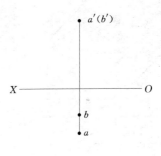

图 2-21 V 面的重影点

二、直线的投影

（一）直线的投影

由初等几何可知，两点决定一条直线，所以要求直线 AB 的投影，只要确定直线上 AB 两点的投影，然后把这两点在同一投影面上的投影（简称同面投影）连接，即得直线 AB 的投影（图 2-22）。

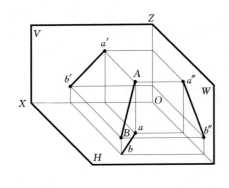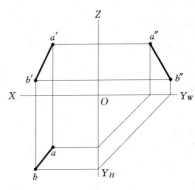

图 2-22 直线的投影

（二）直线与投影面的相对位置

直线与投影面的相对位置分为三种情况：

垂直于某一投影面且与另外两个投影面平行的直线，称为投影面垂直线；

平行于某一投影面且与另外两个投影面倾斜的直线，称为投影面平行线；

对三个投影面均倾斜的直线，称为一般位置直线。

空间直线与投影面 H、V 和 W 之间的倾角分别用 α、β、γ 表示。

1. 投影面垂直线

投影面垂直线分三种情况：垂直于 H 面的直线称为铅垂线；垂直于 V 面的直线称为正垂线；垂直于 W 面的直线称为侧垂线，见表 2-1。

表 2-1　　　　　　　　　　　　　　投 影 面 垂 直 线

	轴　测　图	投　影　图	投 影 特 性
铅垂线			1. AB 的水平投影积聚为一点。 2. 其他两个投影平行 OZ 轴，并反映实长
正垂线			1. AB 的正面投影积聚为一点。 2. 其他两个投影平行 OY 轴，并反映实长
侧垂线			1. AB 的侧面投影积聚为一点。 2. 其他两个投影平行 OX 轴，并反映实长

2. 投影面平行线

投影面的平行线分为三种：与 H 面平行的直线称为水平线；与 V 面平行的直线称为正平线；与 W 面平行的直线称为侧平线，见表 2-2。

表 2-2　　　　　　　　　　　　　　投 影 面 平 行 线

	轴　测　图	投　影　图	投 影 特 性
水平线			1. $AB = ab$； 2. $a'b' \parallel OX$，$a''b'' \parallel OY$； 3. 水平投影反映 β、γ 角

	轴 测 图	投 影 图	投 影 特 性
正平线			1. $AB=a'b'$； 2. $ab/\!/OX$，$a''b''/\!/OZ$； 3. 正面投影反映 α、γ 角
侧平线			1. $AB=a''b''$； 2. $ab/\!/OX$，$a''b''/\!/OY_H$； 3. 侧面投影反映 α、β 角

3. 一般位置直线

与三个投影面都为倾斜关系的直线称为一般位置直线，它在每个投影面上的投影都成倾斜位置，它的三个投影长度均小于其真实长度。

一般位置直线的投影既不反映其实长，也不反映与投影面倾角的实际大小，其实长和倾角可用直角三角形法来求出。

例 2-2：求一般位置直线 AB 的实长及与 H 面的夹角 α。

分析：如图 2-23（a）所示，过点 A 作 AB_1 平行于 ab，则得一直角三角形 ABB_1。在该三角形中，$AB_1=ab$，$BB_1=Bb-B_1b$，斜边 AB 为实长，$\angle BAB_1$ 为直线 AB 与 H 面的倾角 α。由此可见，若利用直线 AB 的水平投影 ab 和 AB 两点的 Z 坐标差作为两直角边，就可作出直角三角形，从而求出 AB 的实长和 α 角。

作图步骤：

（1）过 a' 向右作 OX 平行线交 bb' 于 b_1'，则 $b'b_1'=Z_A-Z_B$；

（2）过 b 作 ab 的垂线，并在该垂线上截取 $bb_1=Z_A-Z_B$，连接 ab_1 得直角 $\triangle b_1ab$，则 $\angle b_1ab=\alpha$，$ab_1=AB$（实长）。

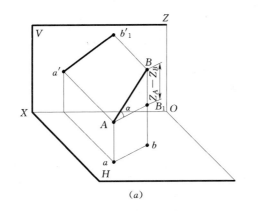

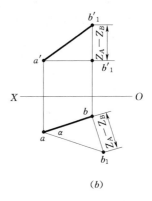

（a）　　　　　　　　　　　（b）

图 2-23　例 2-2 图示

（三）直线上的点

直线上点的投影特性：

（1）若点在直线上，则点的投影一定在直线的同面投影上，且符合点的投影规律。反之，若点的各投影均在直线的同面投影上，且符合点的投影规律，则点必在直线上。

（2）直线上的一点把直线分为两段，则这两段直线之比等于其投影之比，因此这两段直线各投影之比也必相等。

例2-3：在直线AB上求作一点C，使$AC：CB=1：3$，如图2-24所示。

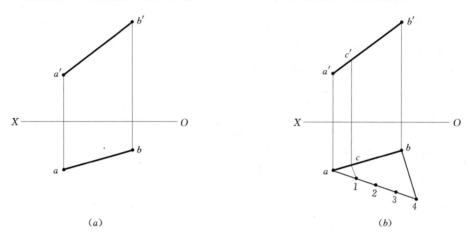

图2-24　例2-3图示

分析：根据直线上点的投影特性，$ac：cb=a'b'：c'b'=1：3$，只用几何作图方法要将ab或$a'b'$分成$1：3$即可求出c和c'。

作图步骤：

（1）自a点引辅助线；

（2）在该辅助线上截取4等分，得1、2、3、4分点；

（3）连4、b，且过1作$4b$的平行线与ab相交于c；

（4）由c求出c'。

（四）两直线的相对位置

空间两直线的相对位置可以分为平行、相交、交叉三种情况。

1. 平行两直线

根据平行投影的特性，若空间两直线平行，则其同面投影必相互平行；反之，若两直线的各个同面投影相互平行，则两直线在空间也必相互平行，如图2-25所示。

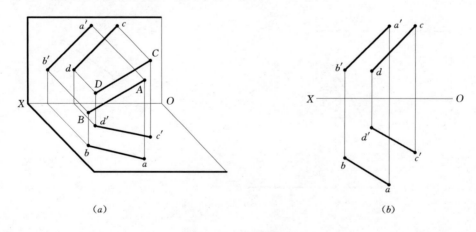

图2-25　平行两直线

若要判断两条一般位置直线是否平行，只要看它们的任意两个同面投影是否平行即可。但对于投影面的平行线，则必须根据其三面投影来判断。

2. 相交两直线

如图 2-26 所示，当空间两直线相交时，其在各个投影面上的同面投影也必然相交，并且各同面投影的交点符合点的投影规律。反之，若两直线各同面投影都相交，且各同面投影的交点符合点的投影规律，则可判定这两条直线必相交。

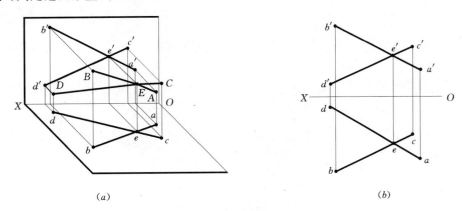

图 2-26 相交两直线

3. 交叉两直线

如图 2-27 所示，交叉直线为两条既不平行也不相交的空间直线。交叉直线在空间不相交，但其同面投影可能平行，也可能相交。

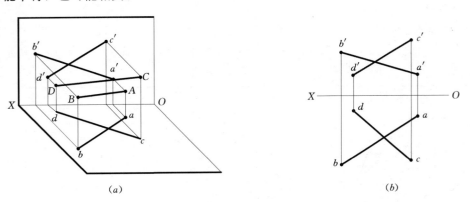

图 2-27 交叉两直线

三、平面的投影

（一）平面的表示法

1. 几何元素表示法

由几何学可知，用点或直线等几何元素可以确定空间某一平面。几何元素的形式，如图 2-28 所示，可以是不在同一直线上的三点、直线及其线外一点、两相交直线、两平行直线及平面图形。

以上表示平面的方式是可以互相转换的。对某一平面来说，不论采用何种方式来表示，其所确定的平面是不变的。以这些方式所表示的平面，统称为非迹线平面。

2. 迹线表示法

如图 2-29 所示，平面 P 与 V、H、W 面的交线称之为 P 平面的迹线。与 V 面的交线称平面的正面迹线、与 H 面的交线称水平迹线、与 W 面的交线称侧面迹线，分别用 P_V、P_H 和 P_W 表示，这三条迹线中的任意两条都可以确定一平面的空间位置。

（二）平面与投影面的相对位置

平面与投影面的相对位置可以分为三种情况：投影面垂直面、投影面平行面和一般位置平面。

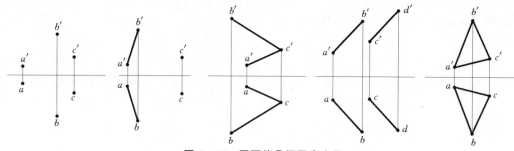

图 2-28 平面的几何元素表示

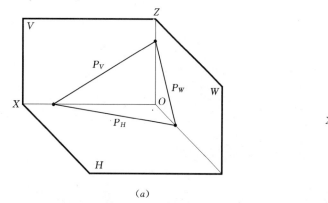

(a)　　　　　　　　　　　　　　　　　　　(b)

图 2-29 平面的迹线表示

1. 投影面垂直面

投影面垂直面是指垂直于某一个投影面，而与其他投影面倾斜的平面。垂直于 H 面的平面称为铅垂面，垂直于 V 面的平面称为正垂面，垂直于 W 面的平面称为侧垂面，如表 2-3 所示。

表 2-3　　　　　　　　　　　　　　**投 影 面 垂 直 面**

	轴 测 图	投 影 图	投 影 特 性
铅垂面			1. 水平投影积聚为线段； 2. 正面投影和侧面投影与平面图形相似
正垂面			1. 正面投影积聚为线段； 2. 水平投影和侧面投影与平面图形相似
侧垂面			1. 侧面投影积聚为线段； 2. 正面投影和水平投影与平面图形相似

2. 投影面平行面

投影面平行面是指平行于某一投影面且同时垂直于另两投影面的平面，它分为正平面（//V 面）、水平面（//H 面）和侧平面（//W 面）三种，见表 2-4。

表 2-4　　　　　　　　　　　　　　　投　影　面　平　行　面

	轴　测　图	投　影　图	投　影　特　性
水平面			1. 水平投影反映实形； 2. 正面投影和侧面投影积聚为垂直于 Z 轴的线段
正平面			1. 正面投影反映实形； 2. 水平投影和侧面投影积聚为垂直于 Y 轴的线段
侧平面			1. 侧面投影反映实形； 2. 正面投影和水平投影积聚为垂直于 X 轴的线段

3. 一般位置平面

如图 2-30 所示，与三个投影面均处于倾斜位置的平面称为一般位置平面。它的三个投影均无积聚性，其形状与空间实形相似，但均小于实形。

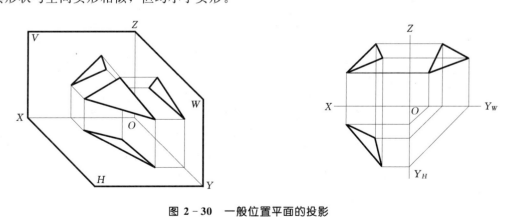

图 2-30　一般位置平面的投影

（三）平面内的点和直线

1. 平面内的直线

直线属于平面的几何条件为：直线过该平面内的两点；或直线过该平面内的一点且平行于该平面

内的一条直线。

如图 2-31（a）所示，直线 AB 与 BC 相交构成一平面，在 AB、BC 上各取一点 M 和 N，则过 M、N 两点的直线一定位于该平面内。其投影图如图 2-31（b）所示。

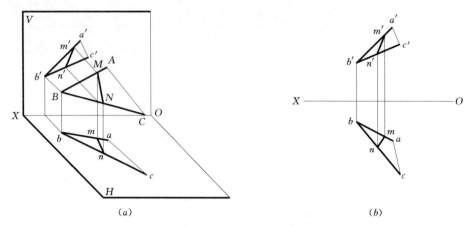

（a）　　　　　　　　　　　　　（b）

图 2-31　平面内的直线（过平面内两点）

如图 2-32（a）所示，相交直线 CD 和 DE 构成一平面，过 CD 上的一点 M 作直线 MN∥DE，则直线 MN 一定位于该平面内。其投影图如图 2-32（b）所示。

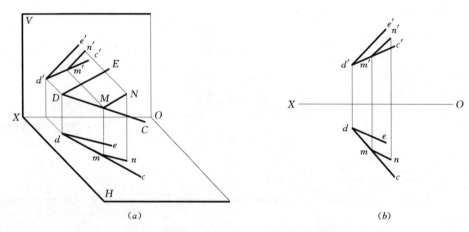

（a）　　　　　　　　　　　　　（b）

图 2-32　平面内的直线（过平面内一点且与平面内一直线平行）

2. 平面内的点

如图 2-33 所示，如果点 M 位于已知平面内的某直线 AB 上，则点 M 必在该平面内，即点 M 属于该平面。

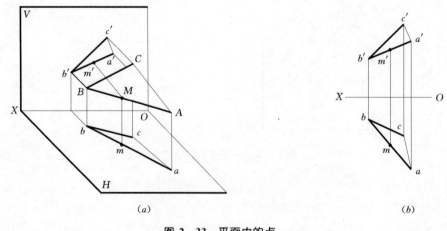

（a）　　　　　　　　　　　　　（b）

图 2-33　平面内的点

（四）平面内的特殊位置直线

平面内的特殊位置直线有两种：投影面的平行线和对投影面的最大斜度线。

1. 平面内的投影面平行线

平面内的投影面平行线有三种情况：平行于 H 面的称为平面内的水平线；平行于 V 面的称为平面内的正平线；平行于 W 面的称为平面内的侧平线，如图 2-34（a）所示。

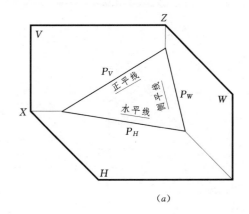 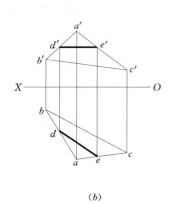

（a）　　　　　　　　　　　　　（b）

图 2-34　平面内的投影面平行线

如图 2-34（b）所示，直线 DE 是△ABC 内的一条水平线，它既满足直线在平面内的条件，又符合投影面平行线的投影特性，即正面投影 $d'e' // OX$ 轴，水平投影 de 反映直线 DE 的实长。

2. 平面内的最大斜度线

平面内对投影面倾角最大的直线称为最大斜度线。

平面内垂直于该面内水平线的直线称为对 H 面的最大斜度线；平面内垂直于该面内正平线的直线称为对 V 面的最大斜度线；平面内垂直于该面内侧平线的直线称为对 W 面的最大斜度线。

如图 2-35 所示，直线 DE 为平面 P 内的水平线，直线 AB 为平面 P 的最大斜度线，由投影特性可知，$AB \perp DE$，$DE // H$ 面，则其水平投影 $ab \perp de$。即平面最大斜度线的水平投影与该平面内水平线的水平投影相互垂直。

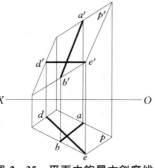

图 2-35　平面内的最大斜度线

第三节　体　的　投　影

在园林建设过程中经常会遇到各类形体，这些形体中既有基本几何形体也有由基本几何形体组合而成的复合形体（图 2-36）。下面学习各种基本几何形体及复合形体的投影特点和分析方法。

一、基本体的投影

常见的基本几何体分为平面体和曲面体两大类。表面由若干平面形围成的立体称为平面体，如棱柱体、棱锥体等；表面由曲面或平面形与曲面围成的立体，称为曲面体，如圆柱体，圆锥体等。

（一）平面基本体的三视图

平面体的每个表面均为平面多边形，故作平面体的投影，就是作出组成平面体的各平面形的投影。利用前面所学的知识，分析组成平面体表面的各平面形对投影面的相对位置及投影特性，对于正确作图是十分重要的。

1. 棱柱体的投影

（1）棱柱体的形成。

如图 2-37 所示的物体是一个三棱柱，它的上下底面为两个全等三角形平面且相互平行；侧面均为四边形，且每相邻两个四边形的公共边都相互平行。由这些平面组成的基本几何体为棱柱体，当底面为 n 边形时所组成的棱柱为 n 棱柱。

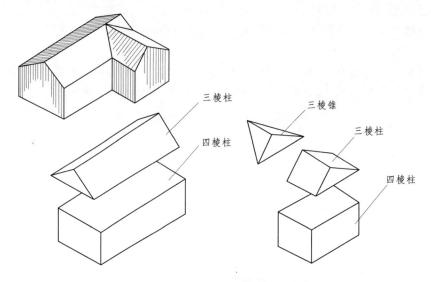

图 2-36 复合形体

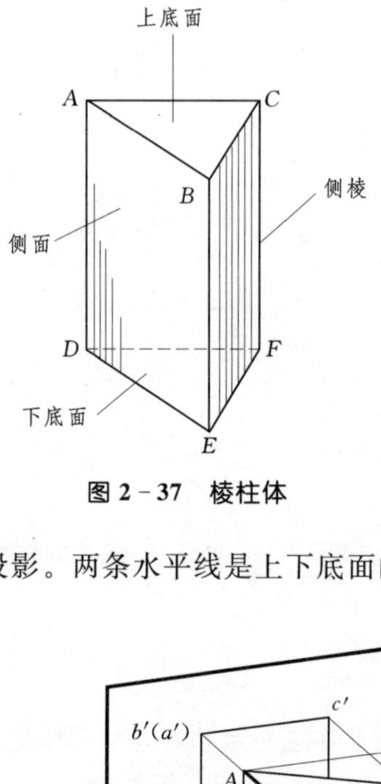

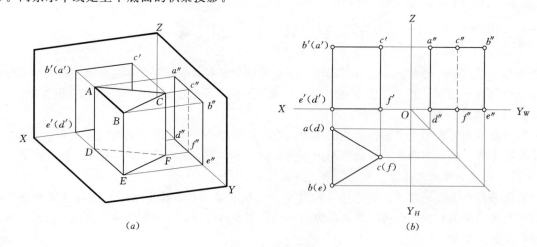

图 2-37 棱柱体

（2）投影分析。

现以正三棱柱为例来进行分析，如图 2-38 所示。

三棱柱的放置位置：上下底面为水平面，左前、右前侧面为铅垂面，后侧面为正平面。

在水平面上正三棱柱的投影为一个三角形线框，该线框为上下底面投影的重合，且反映实形。三条边分别是三个侧面的积聚投影。

在正立面上正三棱柱的投影为两个并排的矩形线框，分别是左右两个侧面的投影。两个矩形的外围即轮廓矩形是左右侧面与后侧面投影的重合。三条铅垂线是三条侧棱的投影，并反映实长。两条水平线是上下底面的积聚投影。

在侧立面上正三棱柱的投影为一个矩形线框，是左右两个侧面投影的重合。两条铅垂线分别为后侧面的积聚投影及左右侧面的交线的投影。两条水平线是上下底面的积聚投影。

图 2-38 正三棱柱

（3）投影特性。

棱柱的三面投影，在一个投影面上是多边形，在另两个投影面上分别是一个或者是若干个矩形。

2. 棱锥体的投影

（1）棱锥体的形成。

如图 2－39 所示的物体是一个三棱锥，它的底面为三角形，侧面均为具有公共点的三角形。由这些平面组成的基本几何体为棱锥体，当底面为 n 边形时所组成的棱锥为 n 棱锥。

（2）投影分析。

以正三棱锥为例进行分析，如图 2－40 所示。

正三棱锥的放置位置：底面为水平面，后侧面为侧垂面，左前右前侧面为一般位置面。

在水平面上正三棱锥的投影为由三个三角形线框围成的大三角形线框。外形三角形线框是底面的投影，反映实形。顶点的投影 S 在三角形中心，它与三个角点的连线是三条侧棱的投影。三个小三角形是三个侧面的投影。

在正立面上正三棱锥的投影为三角形线框。水平线是底面的积聚投影；两条斜边和中间铅垂线是三条侧棱的投影。三角形线框内的小三角形分别为左右侧面的投影，外形三角形线框为后侧面的投影。

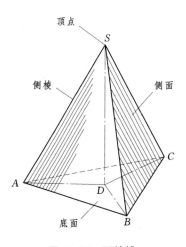

图 2－39　三棱锥

在侧立面上正三棱锥的投影为三角形线框。水平线是底面的积聚投影，斜边分别是后侧面的积聚投影及侧棱的投影。三角形线框是左右两个侧面的重合投影。

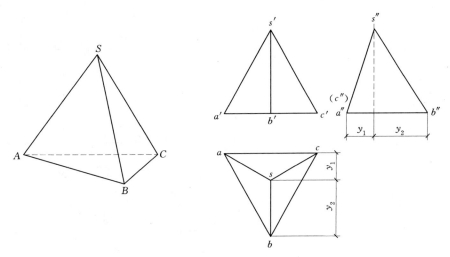

图 2－40　正三棱锥

（3）投影特性。

棱锥的三面投影，一个投影的外轮廓线为多边形，另两个投影为一个或若干个具有公共顶点的三角形。

3. 平面体的投影特性

综合上面的两个例子，可知平面体的投影特点：

（1）求平面体的投影，事实上就是求点、直线和平面的投影。

（2）投影图中的线段可以仅表示侧棱的投影，也可能是侧面的积聚投影。

（3）投影图中线段的交点，可以仅表示为一点的投影，也可能是侧棱的积聚投影。

（4）投影图中的线框代表的是一个平面。

（5）当向某投影面作投影时，凡看得见的侧棱用实线表示，看不见的侧棱用虚线表示，当两条侧棱的投影重合时，仍用实线表示。

（二）回转体的三视图

建筑形体中，许多是由曲面或曲面与平面围成的基本体，这样的基本体为曲面体。作曲面体的投影图，实际上就是作组成曲面体的外轮廓线和平面的投影。

1. 圆柱体的投影

（1）圆柱体的形成。

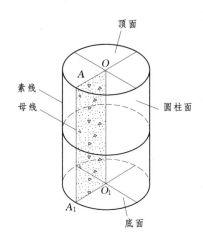

图 2-41 圆柱体形成

如图 2-41 所示，一直线 AA_1 绕与其平行的另一直线 OO_1 旋转一周后，其轨迹是一圆柱面。直线 OO_1 为轴，直线 AA_1 为母线，母线在圆柱面上任意位置时称为素线，圆柱面与垂直于轴线的两平行平面所围成的立体称为正圆柱体。

（2）投影分析。

现以一圆柱体为例来进行分析，如图 2-42 所示。

在水平面上圆柱体的投影是一个圆，它是上下底面投影的重合，反映实形。圆心是轴线的积聚投影，圆周是整个圆柱面的积聚投影。

在正立面上圆柱体的投影是一个矩形线框，是看得见的前半个圆柱面和看不见的后半个圆柱面投影的重合，矩形的高等于圆柱体的高，矩形的宽等于圆柱体的直径。$a'c'$、$b'd'$ 是圆柱上下底面的积聚投影，$a'b'$、$c'd'$ 是圆柱最左、最右轮廓素线的投影，最前、最后轮廓素线的投影与轴线重合且不是轮廓线，所以仍然用细单点长画线画出。

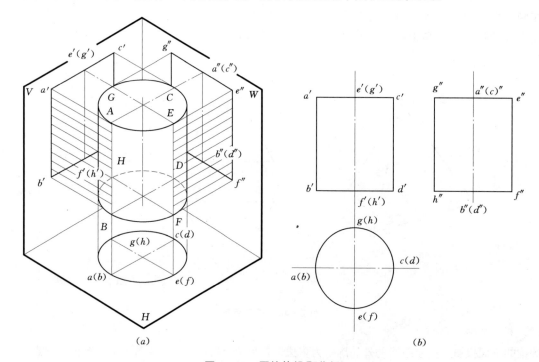

图 2-42 圆柱体投影分析
（a）直观图；（b）投影图

在侧立面上圆柱体的投影是与正立面上的投影完全相同的矩形线框，是看得见的左半个圆柱面和看不见的右半个圆柱面投影的重合，矩形的高等于圆柱体的高，矩形的宽等于圆柱体的直径。$g''e''$、$h''f''$ 是上下两底面的积聚投影，$e''f''$、$g''h''$ 是圆柱体最前、最后轮廓素线的投影，最左、最右轮廓素线的投影与轴线重合且不是轮廓线，所以仍然用细单点长画线画出。

轴线的投影用细单点长画线画出。

（3）投影特性。

圆柱的三面投影，一个投影是圆，另两个投影为全等的矩形。

2. 圆锥体的投影

（1）圆锥体的形成。

如图 2-43 所示，由一条直线（母线 SA）以与其相交于点 S 的直线（导线 SO）为轴回转一周所形成的曲面为圆锥面。母线在圆锥面上任一位置时称为圆锥面的素线，圆锥面与垂直于轴线的平面所围成的立面体称为正圆锥体。这里提到的圆锥体均为正圆锥体。

（2）投影分析。

现以一圆锥体为例进行分析，如图2-44所示。

在水平面上圆锥体的投影是一个圆，它是圆锥面和圆锥体底面的重合投影，反映底面的实形。圆的半径等于地圆的半径，圆心是轴线的积聚投影，锥顶的投影落在圆心上。

在正立面上圆锥体的投影是一个三角形线框，三角形的高等于圆锥体的高，三角形的底边长等于底圆的直径。三角形线框是看见的前半个圆锥面和看不见的后半个圆锥面投影的重合。$s'a'$、$s'c'$是圆锥面最左、最右两条轮廓素线的投影，最前、最后轮廓素线的投影与轴线重合且不是轮廓线，所以仍然用细单点长画线画出。

在侧立面上圆锥体的投影是一个三角形线框，与正立面上的投影三角形线框是全等的，它是看得见的左半个圆锥面和看不见的右半个圆锥面投影的重合。$s''b''$、$s''d''$是圆锥面最前、最后两条轮廓素线的投影，最左、最右两条轮廓素线的投影与轴线重合且不是轮廓线，所以仍然用细单点长画线画出。

轴线的投影用细单点长画线画出。

图2-43 圆锥体形成

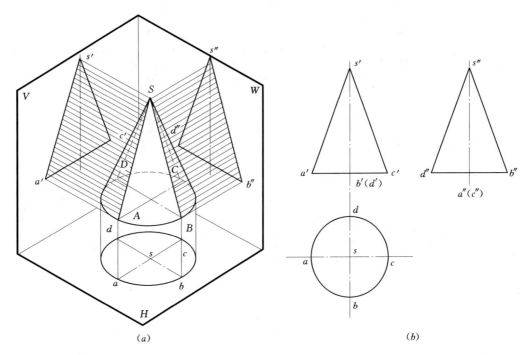

图2-44 圆锥体投影分析

（a）直观图；（b）投影图

（3）投影特性。

圆锥的三面投影，一个投影是圆，另两个投影是全等的三角形。

3. 球体的投影

（1）球体的形成。

如图2-45所示，以圆周为母线，绕着其本身的任意直径为轴回转一周所形成的曲面为球面，球面围成的立体称为球体。

（2）投影分析。

现以一球体为例进行投影分析，如图2-46所示。

在水平面上球体的投影是一个圆，它是看得见的上半个球面和看不见的下半个球面投影的重合，

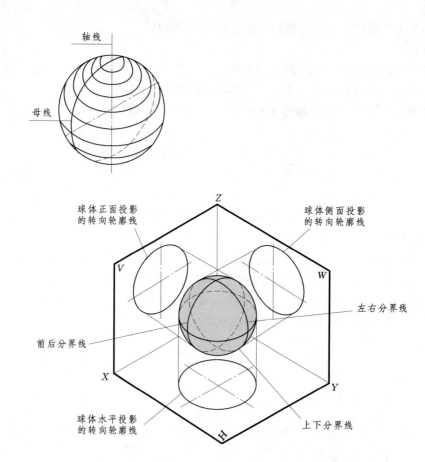

图 2-45 球体的形成

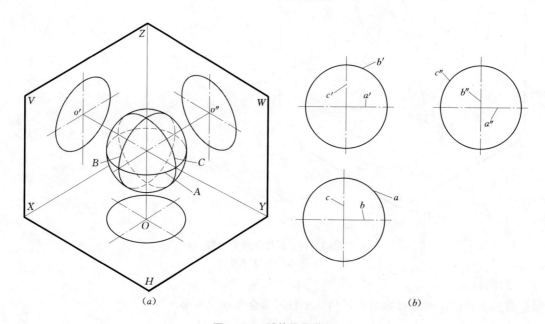

图 2-46 球体投影分析

（a）直观图；（b）投影图

该圆周是球面上下平行于水平面的最大圆的投影。

在正立面上球体的投影是与水平面投影全等的圆，它是看得见的前半个球面和看不见的后半个球面投影的重合，该圆周是球面上平行于正立面的最大圆投影。

在侧立面上球体的投影是与水平投影和正立投影都全相等的圆，它是看得见的左半个球面和看不见的右半个球面投影的重合，该圆周是球面上平行于侧立面的最大圆的投影。

（3）投影特性。

球体的三面投影，是三个全等的圆，圆的直径等于球径。

二、叠加体的投影

任何的建筑形体都可以认为是由多个基本形体组合而成，如图 2-47 所示。常见的形式有叠加体、切割体和混合体，因此需要在分析基本体投影的基础上，进一步分析组合体三视图的画法。

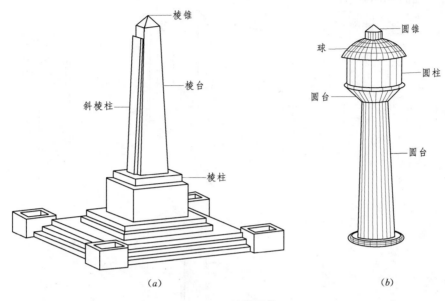

图 2-47 建筑形体

(a) 纪念碑；(b) 水塔

（一）叠加体的组合方式

（1）叠加法：由若干个基本体叠加形成建筑或其构件的方法，如图 2-48（a）所示。

（2）切割法：由基本体切去一部分或几部分后形成建筑或其构件的方法，如图 2-48（b）所示。

（3）混合法：在建筑形体形成过程中既有叠加又有切割的方法，如图 2-48（c）所示。

（二）叠加体的三视图

无论画某个形体的三视图还是看某个形体的三视图，一般都要进行分析（图 2-49），特别是读某个形体的三视图时分析图形是必不可少的，常用的分析方法有两种，即形体分析和线面分析，时常两种方法配合应用。

1. 形体分析

所谓形体分析，是指分析形体由哪些基本体采用什么组合方式组成。

如图 2-48 所示的建筑形体，将其分解后可知，该形体由 5 部分组成，底板是四棱柱，立板为四棱柱，上面切割去一个圆柱，两块侧板各为梯形四棱柱。

下面以图 2-50 为例，具体分析形体投影图。

（1）了解建筑形体的大致形状。

（2）分解投影图。

根据基本体投影图的基本特点，首先将三面投影图中的一个投影图进行分解，首先分解的投影图应使分解后的每一部分能具体反映基本体形状。

（3）分析各基本体。

利用"长对正、高平齐、宽相等"的三面投影规律，分析分解后各投影图的具体形状。

（4）想象整体。

利于三面投影图中的上下、左右、前后关系，分析各基本体的相对位置。

2. 线面分析

线面分析法就是以线、面的投影规律为基础，分析组成形体投影图的线段和线框的形状和相互位置，从而想象出由它们组成形体的具体形状。

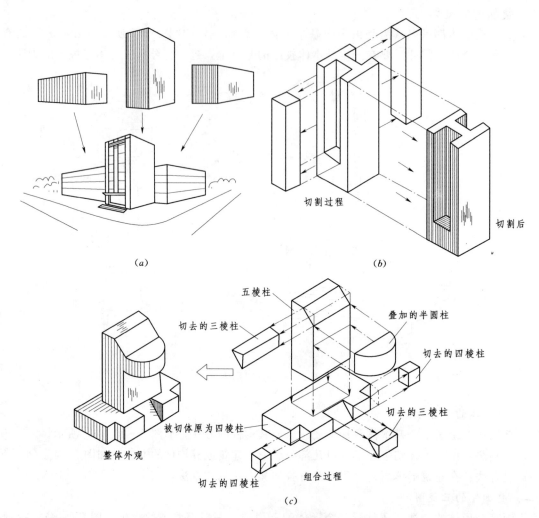

图 2-48　叠加体的投影

(a) 叠加式；(b) 切割式；(c) 混合式

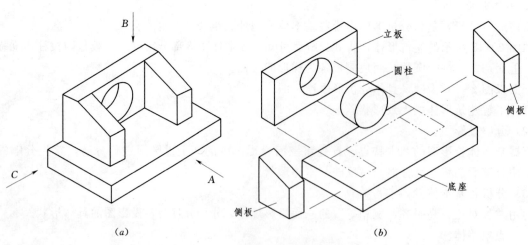

图 2-49　叠加体的三视图分析

(a) 叠加体；(b) 形体分析

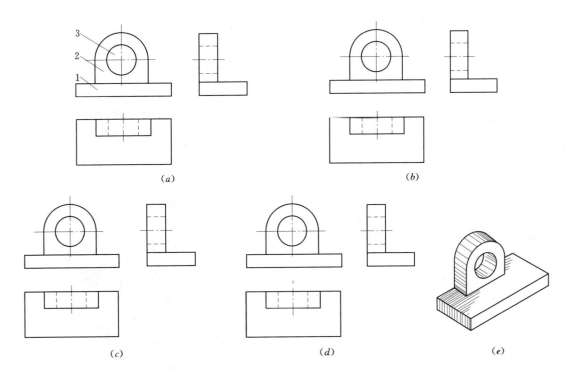

图 2-50 形体投影图分析

(a) 三视图分线框；(b) 线框 1 在形体中的三投影；(c) 线框 2 在形体中的三投影；
(d) 线框 3 在形体中的三投影；(e) 整体形状

对一些形体较为复杂图线却不多的形体，一般用线面分析的方法来分析。如图 2-51 为一切割式形体的投影图，利用线面分析法分析其具体形状。

在实际运用时，常常几种方法混合使用。

（三）已知两视图，求作第三视图

为训练读图能力，常常用补一个投影的方法，这就要求对已给出的两个投影进行仔细分析，弄清楚立体的各部形状，在思想上有一个立体的模样，再运用投影关系画出第三个投影，现在举例说明。

如图 2-52 所示，已知组合体的 V、H 面投影，求作 W 面投影。

先对已知两投影作大致分析，由两面投影想象出立体图，然后根据想象出的立体图画出第三面投影。

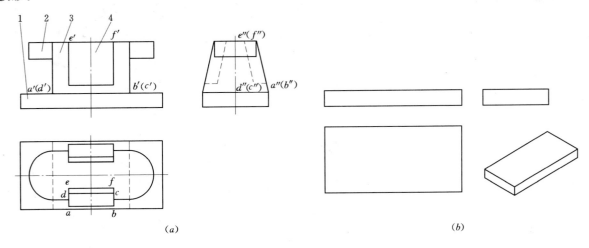

图 2-51（一） 割式形体投影图

(a) 三视图分线框；(b) 线框 1——四棱柱底板

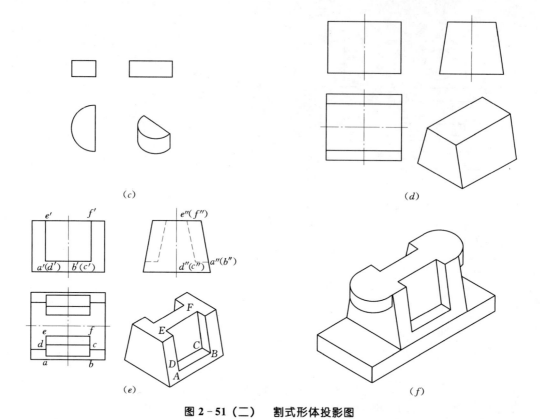

图 2-51（二） 割式形体投影图

（c）线框 2——半圆柱；（d）线框 3——四棱柱；（e）线框 4——挖掉两块四棱柱；（f）综合想象整体形状

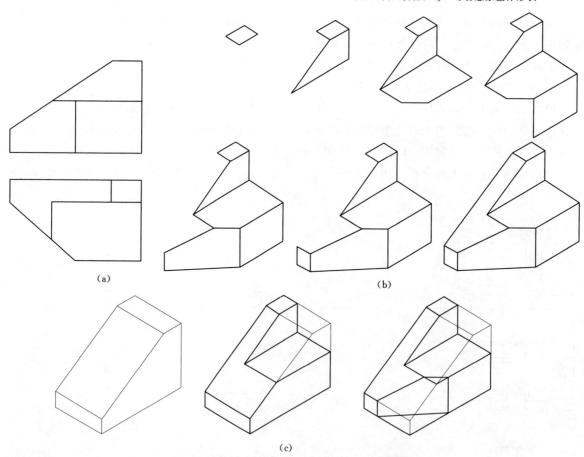

图 2-52（一） 由已知视图求作第三视图

（a）知二求三；（b）形体的线面分析；（c）形体的形体分析

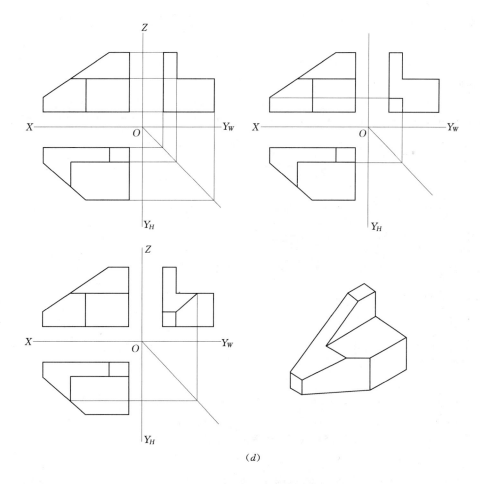

图 2-52（二） 由已知视图求作第三视图

（d）形体 W 面投影的作图步骤

三、截交与相贯

（一）截交

平面与立体相交，也就是立体被平面所截，称为截交（图 2-53）。这个平面称为截平面，截平面与立体表面的交线称为截交线，截交线所围成的图形称为截断面，简称截面。截交线的顶点称为截交点。研究平面与立体相交，其主要目标是求出截交线，也就是截断面。

截交线有以下基本性质：

（1）截交线是截平面与立体表面的交线，也就是截平面和立体表面的共有线，截交线上所有的点一定是立体表面和截平面上的共有点。

（2）由于立体的表面都是封闭的，因此截交线也必定是一个或若干个封闭的平面图形。

（3）截交线的形状取决于立体本身的形状以及截平面与立体的相对位置，平面立体的截交线是平面多边形，而曲面立体的截交线在一般情况下是平面曲线。

1. 截切平面立体

平面立体的截交线，是由直线段所组成的封

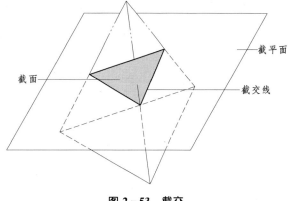

图 2-53 截交

闭的平面多边形。多边形的顶点是平面立体的棱线或底边与截平面的交点，它的边是截平面与立体表面的交线。因此，求平面立体的截交线的作图实质可归结为：求出立体的棱线或底边与截平面的交点，然后依次连接。可应用直线上的点的投影特性及平面上取点的基本作图方法作图。

（1）特殊平面立体的截交线。

特殊位置平面立体被截交可分为两种情况：被特殊位置平面截交、被一般位置平面截交，下面通过例题分别说明。

如图 2-54 所示，棱线为侧垂线的正三棱柱被正垂面 P 截去左端，作截交线和完成截断体的水平投影。

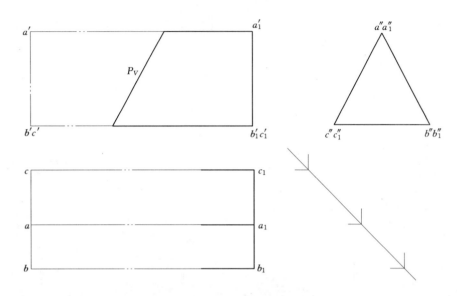

图 2-54 截交线和完成截断体的水平投影

三棱柱被正垂面 P 斜切，截交线是垂直于 V 面的三角形 EDF，其三个顶点分别是三条棱线与截平面的交点，分别在三条棱线上。在 V 面投影中，截平面积聚成一线段，它与三条棱线投影的交点就是截交线三个顶点的 V 面投影。因此，只要直接利用截平面的积聚性及直线上的点的投影特性，求出截交线上三个顶点在各投影面上的投影，然后依次连接其同面投影，即得截交线的投影，如图 2-55 所示。

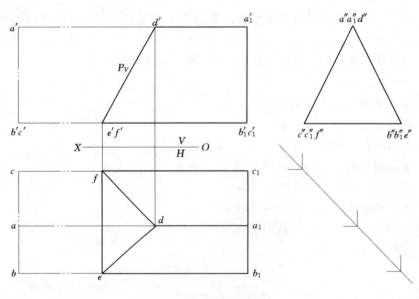

图 2-55 截交线投影

如图 2-56 所示，求作一般位置的平行四边形 $ABCD$ 与正四棱柱的截交线。

正四棱柱被一般位置平面截交，截交线是四棱柱的四条棱线与平行四边形的交点的连线，只要找

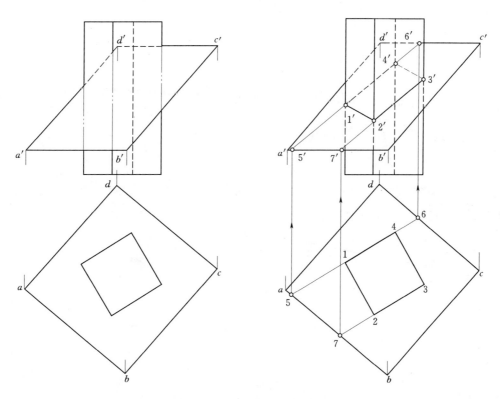

图 2-56 一般位置平面截交

到四个交点即可。在 H 面投影中，由于正四棱柱的四条棱垂直于 H 面，所以，其四条棱线的水平投影积聚为四个点，四条截交线的交点与之重合即为图中的 1、2、3、4。然后运用求平面中点的投影的方法求得 V 面中截交线的投影。

（2）一般平面立体的截交线。

一般平面立体指没有积聚性的立体，下面通过例题来简单分析。

如图 2-57 所示，正垂面 P 倾斜截割三棱锥，求作其截交线。

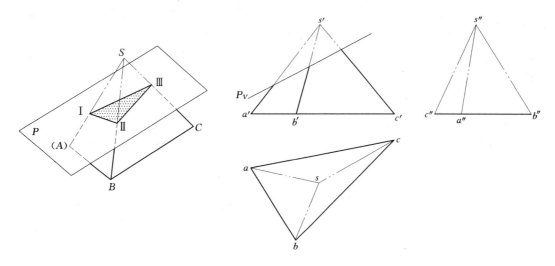

图 2-57 正垂面倾斜截割三棱锥

从 V 面投影中可以看到，截平面 P 只与三个棱面相交。因此，截交线是一个三角形由于截平面是一个正垂面，它的 V 面投影具有积聚性，因此，截交线的 V 面投影必充盈于 Pv 与三棱锥 V 面投影重叠的一段。三条棱线的 V 面投影（$s'a'$、$s'b'$、$s'c'$）与 Pv 的交点就是三个截交点的 V 面投影 $1'$、$2'$、$3'$，也就是说截交线的 V 面投影已经已知，只要求作截交线的水平投影和侧面投影即可，如图

2-58所示。

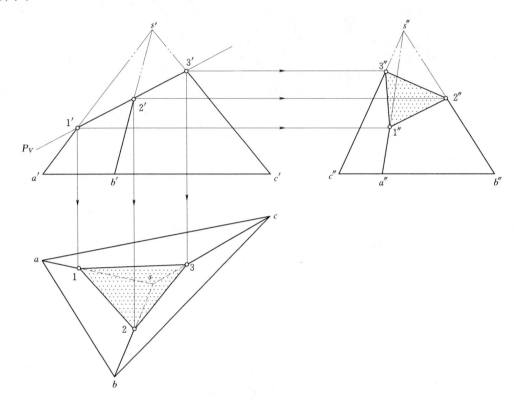

图 2-58 截交线作法

具体作法如下：

1）确定截交点的 V 面投影 $1'$、$2'$、$3'$。

2）过 $1'$、$2'$、$3'$ 向下引水平线，与 sa、sb、sc 相交，得交点的 H 面投影点 1、2、3。

3）过 $1'$、$2'$、$3'$ 向侧面引水平线，与 $s''a''$、$s''b''$、$s''c''$ 相交，得交点的 W 面投影点 $1''$、$2''$、$3''$。

4）连接各交点的同面投影，即可得截交线的水平投影和侧面投影。

2. 截切回转体

平面与曲面立体相交，其截交线在一般情况下是平面曲线或平面曲线与直线段的组合图形。

当截平面为特殊位置平面时，其投影至少有一个具有聚积性，因此，截交线的投影也至少有一个聚积成直线段，且重影于截平面的迹线，成为截交线的一个已知投影。而求作截交线的其他投影，则可根据曲面的性质，利用素线法或者纬圆法求它们与截平面的一系列共有点。

（1）平面与圆柱体相交。

根据截平面相对于圆柱体轴线的不同位置，截平面与圆柱面的截交线有三种不同的形状（图 2-59）：

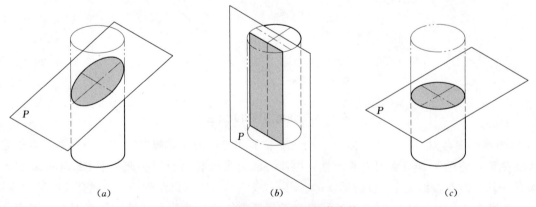

(a)　　　　　　　　　　(b)　　　　　　　　　　(c)

图 2-59 截平面与圆柱面的截交线

1）截平面平行于轴线时，截交线为两相互平行直素线。这时，截交线的投影可利用积聚性求出。

2）当截平面垂直于轴线时，截交线为圆。这时，截交线的水平投影是圆（积聚于圆柱面之投影），其余两投影分别积聚为直线段。

3）当截平面倾斜于轴线时，截交线为椭圆。这时，可求出截交线上若干个共有点的投影后，再用曲线板依次光滑连接各共有点的同面投影。

（2）平面与圆锥相交。

因截面相对于圆锥轴线的位置不同，截平面与圆锥面的截交线有 5 种形状。如图 2－60 所示。

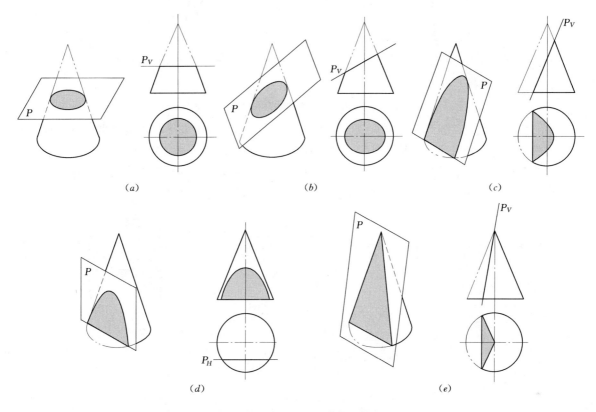

图 2－60　截平面与圆锥面的截交线

1）截平面垂直轴线，截交线为圆，其投影可直接画出。

2）截平面过锥顶，截交线为两相交直线（素线），其投影可直接画出。

3）截平面处于倾斜于轴线、平行于任一素线、平面于两条素线时，截交线分别为椭圆、抛物线、双曲线。对这几种情况，可采用辅助素线法或辅助平面法作图，求出若干个共有点的投影，然后用曲线板依次光滑连接，就可得截交线的投影。

（3）圆球的截交线。

任何位置截平面截圆球，截交线的形状都是圆（图 2－61）。根据截平面与投影面的相对位置，其投影有下列情况：

1）当截平面为投影面平行面时，截交线在所平行的投影面上的投影反映圆的实形，其余两面投影积聚为一直线段。

2）当截平面为投影面垂直面时，截交线在其垂直的投影面上的投影积聚为直线段，而其余两个投影均为椭圆。

（二）相贯

两立体相交也称两立体相贯，这样的立体称为相贯体，如图 2－62 所示。两立体表面的交线称为相贯线，相贯线是两立体表面的共有线，相贯线上的点都是两立体表面的共有点。

相贯线的形状由两立体的形状和它们的相对位置所确定。当一个立体全部贯穿另一个立体时，称

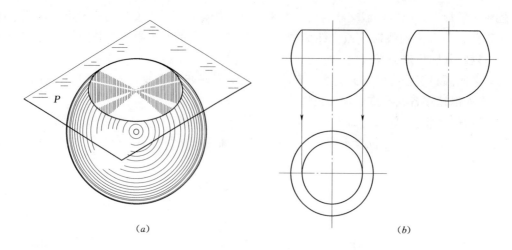

(a)   (b)

图 2-61　圆球的截交线

为全贯，有两组相贯线；但当一个立体全部穿进另一立体后，不穿出来了，虽属全贯，便只有一组相贯线。当两个立体互相贯穿时，称为互贯，两立体互贯时，只有一组相贯线。

相贯线各段投影的可见性，由两个立体交出这段相贯线的表面的可见性所确定：只有当两个立体的表面都是可见时，相贯线段的投影才可见；否则相贯线段的投影不可见。

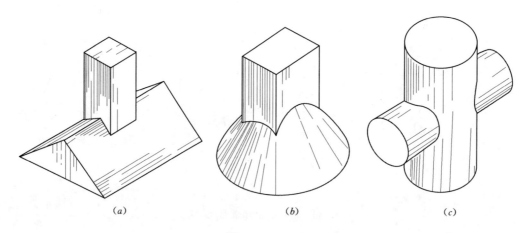

(a)   (b)   (c)

图 2-62　相贯体

1. 两平面立体相交时相贯线的画法

由于两平面体相交所得折线的各个顶点是一个平面体的棱线对另一个平面体棱面的交点（称贯穿点），它们既在棱线上也在棱面上，所以可用下述两种方法求得交点，再依次连接成折线。

如图 2-63 所示，求作两三棱柱的相贯线，并补全相贯体的正面投影。

（1）进行空间及投影分析。

直放三棱柱的两铅垂棱面 KM 及 MN 与斜放三棱柱相交，其中斜放三棱柱棱线 A 和 C 和 MN 的交点Ⅰ、Ⅱ和Ⅲ、Ⅳ，可利用直线上点的投影特性直接求得；直放棱柱线 M 与斜放棱柱棱面 AB 和 BC 的交点，可利用平面上取点的基本作图方法求得。

（2）求作相贯线的投影。

1）利用直线上点的投影特性和直线投影的积聚性，直接由 1、2、3、4 各点对应求得棱线上点的 V 面投影 $1'$、$2'$、$3'$、$4'$。

2）利用平面上取点的基本作图方法，过棱线 M 的积聚投影作辅助平面 P，求得 $5'6'$。

3）确定连接顺序，依序连接各贯穿点，即得相贯线。

因为交线的每一线段是两棱面的公有线，所以，只有当两点同时位于甲立体的同一棱面及乙立体的同一棱面上时才能连接，否则不可连接。如Ⅰ、Ⅴ两点，既在棱面 AB 上，又在棱面 KM 上，故

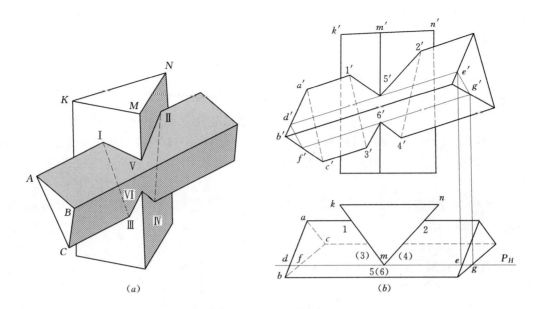

(a)

(b)

图 2-63　两三棱柱相贯

1′5′可连接。同理可知，1′3′、3′6′、4′6′、2′4′、2′5′也可连接。而Ⅵ点虽在棱面 KM 上，但不在棱面 AB 上，所以 5′和 6′不能连接，1′和 6′也不能连接。

4）判断可见性。

只有当相交的两个棱面的同面投影都可见，其交线在该投影面上的投影才可见，否则不可见。如图 2-63 所示，在 V 面投影中，斜放三棱柱的 AC 棱面为不可见，因此该棱面上的线段Ⅰ Ⅲ和Ⅱ Ⅳ的 V 面投影 1′3′和 2′4′为不可见，画成虚线；而棱面 AB 和 BC 及棱面 KM 和 MN 的 V 面投影是可见的，故其交线的投影 1′5′、5′2′和 3′6′、6′4′均为可见，画成实线。

2. 平面立体与曲面立体相交时相贯线的画法

平面立体与曲面立体相交，其相贯线一般是由若干段平面曲线或平面曲线和直线所组成的空间封闭曲线。

每一段平面曲线（或直线段）可认为是平面立体上一个棱面与曲面立体的截交线；相邻两段平面曲线或曲线与直线的交点，是平面立体的棱线与曲面立体表面的贯穿点。因此，求作平面立体与曲面立体的相贯线，可归结为求作截交线与贯穿点。

根据上面的分析，关于求取平面立体和曲面立体相贯线有两种作法（图 2-64）。

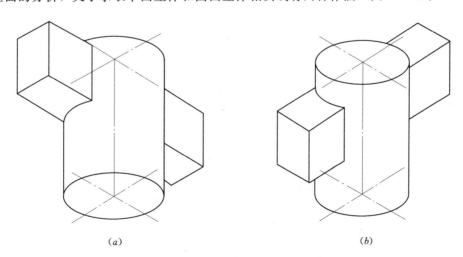

(a)　　　　　　　　　　　　　(b)

图 2-64　平面立体与曲面立体相交

①先求相贯点，再连成相贯线。先求出平面立体上棱线与曲面立体的贯穿点，或曲面立体上轮廓

素线或者一般素线与平面立体上棱面的贯穿点，然后再将相贯点连接成线。②直接求出相贯线的投影。利用特殊投影求出平面立体的某一棱面与曲面立体上曲面的截交线，然后进行综合得到完整的相贯线。

如图 2-65 所示，已知四棱柱与圆柱相交，求作相贯线。

（1）进行空间及投影分析。

由图 2-65（a）可知，这个相贯体是由一个侧垂的四棱柱与铅垂的圆柱相贯而成，形成左右对称的两组相贯线。这两组相贯线在圆柱的表面上，并且是圆柱面与四棱柱四个侧面的公共部分，又因为圆柱面在 H 面中有积聚性，所以，相贯线的 H 面投影就是圆柱积聚投影与四棱柱 H 面投影相交的两段弧线。

在 W 面中侧垂的四棱柱的侧面同样具有积聚性，根据相贯线的特征，四棱柱侧面的积聚投影就是左右两条相贯线的重影。

（2）求作相贯线的投影。

1）分析投影，找到主要结合点的投影。如图 2-65（b）所示，左侧相贯线（A—B—F—D—C—E—A）由四段线段围合而成，结合点点 A、点 B、点 C 和点 D 就是四棱柱四条侧棱与圆柱面的交点。其中前后两段 AB 和 CD 是四棱柱前后两个棱面与圆柱面的交线，是圆柱面上素线的一部分；而上下两段是四棱柱上下侧面与圆柱面的交线，是圆柱面纬圆的一部分——弧 AEC 和弧 BFD，其中点 E 和点 F 是四棱柱上下表面与圆柱最左侧素线的交点。在 W 面中这一系列的点都落在四棱柱 4 个侧面的积聚投影上。根据上面的分析标注出各点的 H 面和 W 面投影，如图 2-65（b）所示。

2）作出 V 面的投影。按照投影的原则，根据 H 面投影和 W 面投影确定各主要相贯点的 V 面投影。前后两段相贯线 AB 和 CD 重影，是两条铅垂线，上下两段相贯线弧 AEC 和弧 BFD 平行于 H 面，在 V 面中积聚成直线。

3）根据对称性，作出右侧相贯线的投影。

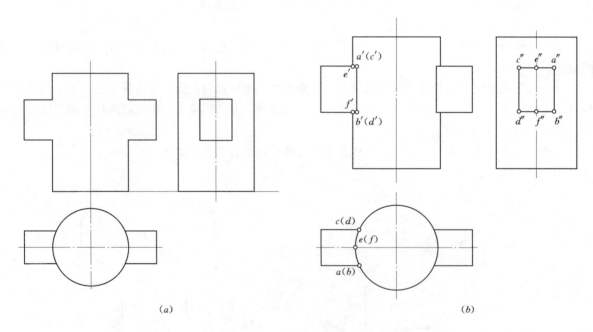

图 2-65　四棱柱与圆柱相交

（a）已知条件；（b）作图过程及结果

3. 两曲面立体相交时相贯线的画法

两曲面立体相贯，在一般情况下其相贯线是封闭的空间曲线，特殊情况下也可能是平面曲线或直线。

相贯线的形状不仅取决于相交两曲面立体的几何形状，而且也和它们的相对位置有关。

即使是两个形状相同的曲面立体相交，当它们相对位置不同时，其相贯线的形状也要随之变化，因此，在解决相贯线的作图时，必须首先分析清楚两相交曲面的几何形状、相对位置及其大小，并对相贯线形成的情况（一般情况、特殊情况）进行初步的判断。

从相贯线的性质可知，求作两曲面立体相贯线的投影可转化为求两曲面的共有点的投影问题。求作共有点多采用辅助面法（即三面共点法），也可利用曲面投影的积聚性和在曲面上作辅助线的方法进行作图。现通过例题介绍求作相贯线的方法

（1）一般情况——利用特殊投影求作相贯线。

在曲面立体相交时，两圆柱或圆柱与其他回转体相交的情况很多，但只要有一个圆柱的轴线垂直于投影面时，则相贯线在该投影面上的投影就一定积聚在圆柱面的投影上。相贯线的这一投影便成为已知，利用这一已知投影，就可作出相贯线的其他投影。

求作两个拱形屋顶的相贯线（图 2-66）。

分析：由图 2-66（a）可知，两个拱形屋面都是不完整的圆柱，一个垂直于 W 面，一个垂直于 V 面。两者的相贯线是一条曲线，V 面投影与小屋顶的 V 面投影重合，W 面投影是大屋面积聚投影与小屋面 W 面投影的公共部分。所以在三面投影中，相贯线的 V 面、W 面投影已经已知，仅需要求出 H 面投影即可。

作法如下：

1）作出特殊点的投影。所谓特殊点就是轮廓素线与对应曲面的交点，如图 2-66（b）所示，点 A 是小屋面最上面一条轮廓素线与大屋面的交点，而点 B 和点 C 则分别是小屋面最左和最右轮廓素线与大屋面的交点（点 B 和点 C 左右对称）。根据点所在的位置，主要是其所在的素线的位置确定这三个点的 H 面投影。

2）作出一般点的投影。因为交线是一条曲线，所以我们还需要在曲线上再找到几个点，如图 2-66（b）中的点 E 和点 F（点 E 和点 F 左右对称），根据 V 面和 W 面的积聚投影，利用量度法可以求作出这两个点的 H 面投影。

3）将各点的 H 面投影用圆滑曲线连接起来，即得两拱形屋面交线的 H 面投影。

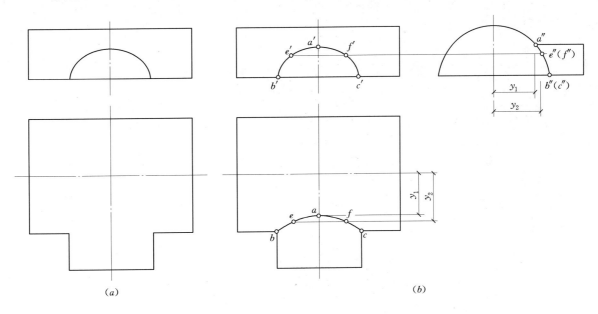

图 2-66　两个拱形屋顶的相贯线

（a）已知条件；（b）作图过程及结果

（2）两曲面立体相贯的特殊情况。

两曲面体的相贯线，在一般情况下是封闭的空间曲线，但在某些特殊情况下，相贯线可能是平面曲线（圆或椭圆）或直线。了解和掌握特殊情况下相贯线的投影特点可以简化作图步骤，提高作图

速度。

1）两同轴回转体相贯。

两同轴回转体相贯，相贯线是垂直于轴线的圆周，也就是两曲面立体共有的纬圆。

如图 2-67（a）所示，圆锥与球体相贯，球体的球心正好在圆锥的轴线上，等同于轴线相同，相贯体的相贯线就是两个曲面共有的线条。根据两个立体的特征，相贯线是两立体最左侧素线交点 [图 2-67（a）中的点 a 和点 c] 绕着共有轴线旋转一周得到的，也就是它们共有的纬圆。当轴线垂直于投影面时，相贯线在垂直投影面中反映实际大小，在其他两个投影面中积聚成一条垂直于轴线的直线段，投影轮廓线的交点是直线段的两个端点。

根据上面的分析，当两个同轴且垂直于投影面的回转体相贯时，在与轴线平行的投影面中，轮廓素线交点的连线就是相贯线的投影，如图 2-67（a）中的点 a′ 和点 b′、点 c′ 和点 d′，并且投影垂直于轴线投影，长度等于两回转体共有纬圆（相贯线）的直径，在与轴线垂直的投影面中，按照对应纬圆的直径绘制相贯线的投影。

2）公切于同一球面的两个圆柱或者圆柱与圆锥相贯。

两个圆柱或者圆柱与圆锥同时外切于同一球面而相交时，它们的相贯线可以分解成二次曲线。当相交轴线平行于同一投影面时，相贯线是垂直于该投影面的两个椭圆。

如图 2-67（b）所示，轴线都平行于 V 面的圆锥与圆柱相贯，并外切于同一个球面，则在 H 面中，相贯线的投影是两个对称的椭圆，在 V 面中，相贯线的投影是积聚成直线，并且是两曲面立体轮廓素线交点的连线。图 2-67（c）是两个等径的圆柱垂直相贯，并且它们的轴线都平行于 H 面，所以相贯线是垂直于 H 面的两个椭圆，在 H 面中积聚成直线，相贯线的 V 面投影重叠，都落在正垂圆柱的积聚投影之上。

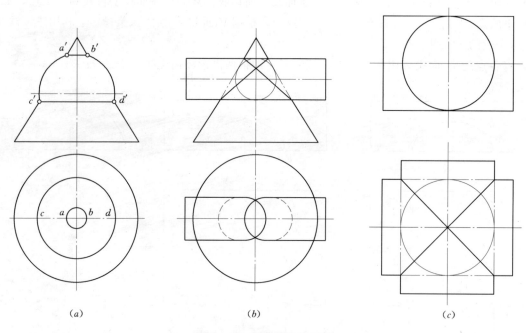

（a）　　　　　　　（b）　　　　　　　（c）

图 2-67　两曲面立体相贯

（a）球心在圆锥轴线上的球与圆锥相贯；（b）轴线正交的圆柱与圆锥相贯；（c）轴线正交的等径圆柱相贯

第二章

园林景观设计图

第一节 概　述

一、园林景观设计图纸的概念

园林景观设计图纸是园林设计人员在掌握园林艺术理论、设计原理、有关工程技术及制图基本知识的基础上综合运用建筑、山石、水体、道路和植物等造园要素，经过艺术构思和合理布局所绘制的专业图纸。它是园林工程设计人员的技术语言，它能够将设计者的设计理念和要求通过图纸直观、准确地表达出来。

在园林施工过程中园林施工技术人员首先可以通过对园林设计图纸的阅读、识别，准确而形象地理解设计者的设计意图，并想象出图纸所表现园林绿地的艺术效果，其次还可以依照园林设计图纸进行施工，从而创造出符合设计意图的优美的园林景观。

另外，园林设计图纸还是工程经济管理结算以及造价结算的依据，所以说，绘制、识别、使用设计图纸是进行园林工程建设的基础。

二、常见园林景观设计图纸的类型

园林景观规划设计图的内容较多，本章将介绍几种常用的园林规划设计图纸。

（一）总体规划设计图

总体规划设计图主要表现规划用地范围内总体综合设计，反映组成园林各部分的长宽尺寸和平面关系以及各种造园要素（如地形、山石、水体、建筑及植物等）布局位置的水平投影图，它是反映园林工程总体设计意图的主要图纸，同时也是绘制其他图样、施工放线、土方工程及编制施工规划的依据。

（二）竖向设计图

竖向设计图主要反映规划用地范围内的地形设计情况、山石、水体、道路和建筑的标高，以及它们之间的高度差别，并为土方工程和土方调配以及预算、地形改造的施工提供依据。

（三）园林植物种植设计图

园林植物种植设计图主要反映规划用地范围内所设计植物的种类、数量、规格、种植位置、配置方式、种植形式及种植要求的图纸。它为绿化种植工程施工提供依据。

（四）园林建筑单体初步设计图

园林建筑单体初步设计图是表达规划建设用地范围内园林建筑设计构思和意图的工程图纸，它通过平面图、立面图、剖面图和效果图来表现所设计建筑物的形状和大小以及周围环境，以便于研究建筑造型，推敲设计方案。

（五）园林工程施工图

园林工程施工图的作用主要是在园林工程建设过程中对施工进行指导。主要包括园林建筑施工图、园路工程施工图、假山工程施工图等。

下面我们将就每一种类型的园林设计图纸，从图纸的绘制方法、绘制要求、识别等方面进行详细的叙述。

三、园林设计图纸绘制的步骤

为了保证图面质量，并且能够具体、形象、准确地表达设计理念与艺术效果，园林设计图的绘制一般要经过准备、画底稿、上墨线和色彩渲染 4 个基本的步骤。下面我们将就每个步骤以及各步骤应注意的问题加以详细叙述。

1. 准备工作

绘图前准备工作的充分与否与园林图纸的质量关系非常密切，因此，在绘图前必须重视并认真做好准备工作，准备工作的内容有以下几点。

（1）将铅笔按照绘制要求削好；将圆规的铅芯磨好，并调整好铅芯与针尖的高低，使针尖略长于铅芯；用干净的软布把丁字尺、三角板、图板擦干净；将各种绘图用具按顺序放在固定位置，洗净双手。

（2）分析要绘制的图样，收集参阅有关资料，熟悉所绘图样的内容以及要求，并做到心中有数。

（3）根据所画图纸的要求，选定图纸幅面和比例。并注意在选取时，遵守国家标准以及有关规定。

（4）将大小合适的图纸用胶带纸（或绘图钉）固定在图板上。固定时，应使丁字尺的工作边与图纸的水平边平行。最好使图纸的下边与图板下边保持大于一个丁字尺宽度的距离。

2. 画底稿

一般在设计方案敲定后，我们开始绘制图纸，画底稿是园林设计图绘制的第一步。画底稿时应使用较硬的铅笔，以便绘出的底稿线比较轻细，便于墨线覆盖。铅笔稿线正确与否、精度如何，直接影响到图样的质量，因此，必须认真细致、一丝不苟地完成好这一步。

画底稿的具体步骤如下。

（1）画幅面线、图框线、标题栏、会签栏（视需要而定），合理安排图样内容，综合考虑标注尺寸和文字说明的位置，定出图形的中心线或外框线，避免在一张图纸上出现太空和太挤的现象，使其布局合理、疏密有致，图面美观大方。

（2）画坐标网格，确定定位轴线。

（3）按照建筑—广场—道路—水体—植物的顺序，先轮廓，再细部。

（4）标注尺寸，绘制指北针或风玫瑰图等符号、图例，编写植物配置表及建筑小品配置表、注写文字说明等内容。

（5）仔细检查，擦去多余线条，并完成全图。

3. 加深图线、上墨或描图

画完底稿之后，根据不同的图面表达要求，第三步的工作有三类，主要包括加深图线、上墨或描图。

（1）加深图线。

加深图线一般是指在原有铅笔底稿的基础上，再用铅笔进行加深。用铅笔加深图线应选用适当硬度的铅笔，并按下列顺序进行。

1）先画上方，后画下方；先画左方，后画右方；先画细线，后画粗线；先画曲线，后画直线；先画水平方向的线段，后画垂直及倾斜方向的线段。

2）同类型、同规格、同方向的图线可集中画出。

3）画起止符号，填写尺寸数字、标题栏和其他说明。

4）仔细核对、检查并修改已完成的图纸。

（2）上墨线。

园林设计图纸一般都要求上墨线，图样上墨线后，线条清晰，并可晒图，便于长期保存和使用。园林设计图纸对墨线的要求是：线型正确、粗细分明、图线均匀、连接光滑、图面整洁。

上墨线时，应将铅笔底稿线作为墨线的中轴线来绘制，以确保图形正确。为提高绘线效率，避免出错，上墨线时应注意以下几点。

1）绘制墨线的顺序与方向。一般先画细线，后画粗线；先画虚线，后画实线；先画曲线，后画直线；水平线自上而下，垂直线自左而右。同一线型的墨线一次完成。

2）先画图样，后标注尺寸和注写文字说明，最后画幅面线、图框线，填写标题栏、会签栏。

3）为避免跑墨，弄脏图纸，应使用有斜面的尺边，并使斜面朝下。

（3）描图。

在工程施工过程中往往需要多份图纸，这些图纸通常采用描图和晒图的方法进行。描图是用硫酸纸覆盖在铅笔图上用墨线描绘，描图后得到的底图再通过晒图就可得到所需份数的复制图样（俗称蓝图）。描图时应注意以下几点。

1）将原图用丁字尺校正位置后粘贴在图板上，再将描图纸平整地覆盖在原图上，用胶带纸把两者固定在一起。

2）描图时应先描圆或圆弧，从小圆或小弧开始，然后再描直线。

3）描图时一定要耐心、细致，切忌急躁和粗心。图板要放平，墨水瓶千万不可放在图板上，以免翻倒玷污图纸。手和用具一定要保持清洁干净。

4）描图时若画错或有墨污，一定要等墨迹干后再修改。修改时可用刀片轻轻地将画错的线或墨污刮掉。刮时底下可垫三角板，力量要轻而均匀。千万不要着急，以免刮破描图纸。刮过的地方要用砂橡皮擦除痕迹，最后用软橡皮擦净并压平后重描。重描时注意墨不要太多。

（4）注意事项。

1）画底图时线条宜轻而细，只要能看清楚就行。

2）铅笔选用的硬度：加深时粗线宜选用 HB 或 B；细实线宜用 2H 或 3H；写字宜用 H 或 HB。加深圆或圆弧时所用的铅芯，应比同类型画直线的铅笔软一号。

3）加深或描绘粗实线时应保证图线位置的准确，防止图线移位，影响图面质量。

4）使用橡皮擦拭多余线条时，应尽量缩小擦拭面，擦拭方向应与线条方向一致。

4. 色彩渲染

色彩渲染又称上色，主要是借助绘画技法，用水彩、水粉等颜料或马克笔、彩色铅笔等工具比较真实、细致地刻画出各种造园要素的色彩与质感，表达设计意图和景观设计效果，常用于园林设计方案的效果图。目前在园林设计平面图纸中也经常使用。一般情况下硫酸纸绘制的图只能用彩色铅笔进行色彩渲染。由于彩色铅笔上色后图面呈蜡质，且色彩不均匀，因此，上色时一般在图纸的反面进行。

第二节 园林景观总体规划图

园林景观总体规划设计图纸是反映园林工程总体设计意图的图纸，同时也是绘制其他图纸、施工放线、土方工程及编制施工组织设计的依据。

总体规划设计图主要表现规划用地范围内的总体设计，反映组成园林各部分的长宽尺寸和平面关系以及各种造园要素（如地形、山石、水体、建筑及植物等）布局位置的水平投影图。

一、内容与用途

（一）内容

总体规划设计图主要表现用地范围内园林总的设计意图，它能够反映出组成园林各要素的布局位置、平面尺寸以及平面关系。如图 3-1 所示为某小游园的总体规划设计图纸。

从图纸上首先我们能够看到这是一个自然式的园子，设计者总的设计想法是：以自然山水地貌为

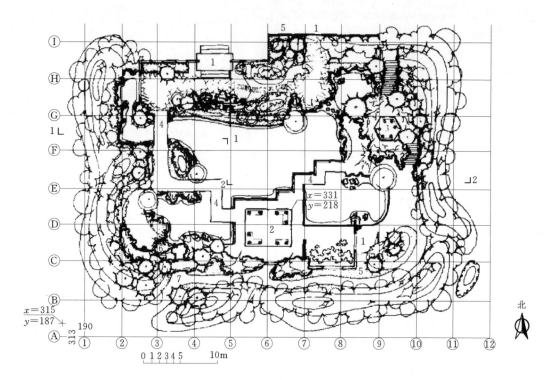

图 3-1　某游园总体规划设计图

1—园门；2—水榭；3—六角亭；4—桥；5—景墙；6—壁泉；7—石洞

蓝本，通过挖湖堆山，营造出一个以山、水、地形为骨架，有建筑、有植物的中国传统写意山水园。另外这张图纸还表现出了园林各要素的布局位置以及平面关系，我们还可以根据比例尺计算出园中各主要建筑以及园林构成要素的平面尺寸。

一般情况下总体规划设计图所表现的内容包括：

（1）规划用地的现状和范围。

（2）对原有地形、地貌的改造和新的规划。注意在总体规划设计图上出现的等高线均表示设计地形，对原有地形不作表示。

（3）依照比例表示出规划用地范围内各园林组成要素的位置和外轮廓线。

（4）反映出规划用地范围内园林植物的种植位置。在总体规划设计图纸中园林植物只要求分清常绿、落叶、乔木、灌木即可。不要求表示出具体的种类。

（5）绘制图例、比例尺、指北针或风玫瑰图。

（6）注标题栏、会签栏，书写设计说明。

（二）用途

总体规划设计图的用途主要包括如下两点。

（1）总体规划设计图是绘制其他图纸（如竖向设计图、植物种植设计图、效果图）的主要依据。

（2）总体规划设计图是指导施工的主要技术性文件。

二、绘制要求

（一）园林要素的绘制方法及要求。

1. 地形

在总体规划设计图纸中，地形的高低变化及其分布情况通常用等高线来表示。

一般规定：表现设计地形的等高线用细实线绘制，表现原地形等高线用细虚线绘制，在总体规划设计图中一般只标注设计地形且等高线可以不注高程。

可以在图 3-1 中看到在小游园的东、西、南三个方向上都有设计的微地形。

2. 水体

水体一般用两条线表示，外面的线用特粗实线绘制，表示水体边界线（即驳岸线）；里面的一条用细实线绘制，表示水体的常水位线。

以图 3-1 为例，可以看到：小游园中以自然式的水体为主进行造景，整个水面被三座园桥划分为大小不等的几个水面空间，使得水面更富有变化。

3. 山石

山石的画法均采用其水平投影轮廓线概括表示，以粗实线绘出边缘轮廓，以细实线概括性地绘制出皴纹。

以图 3-1 为例，我们可以看到：小游园中的假山基本集中在园子的东北角和西南角，且东北角的假山是一座可攀登的假山，山顶设一座六角亭，西北角的假山主要以观赏为主。另外在院中局部还设置有置石。

4. 园林建筑

在图纸绘制过程中，对于建筑的表现方法，一般规定：

在大比例图纸中，有门窗的建筑，采用窗台以上部位的水平剖面图来表示；没有门窗的建筑，采用通过支撑柱部位的水平剖面图来表示。

在小比例图纸中（1：1000 以上），只需用粗实线画出水平投影外轮廓线，建筑小品可不画。在线型的运用方面一般规定：用粗实线画出断面轮廓，用中实线画出其他可见轮廓。

此外，也可采用屋顶平面图来表示（仅适用于坡屋顶和曲面屋顶），用粗实线画出外轮廓，用细实线画出屋面。对花坛、花架等建筑小品用细实线画出投影轮廓。

5. 园路

在总体规划设计图纸中，园路一般情况下只需用细实线画出路缘即可，但在一些大比例图纸中为了更为清楚地表现设计意图，或者对于园中的一些重点景区，我们可以按照设计意图对路面的铺装形式、图案作以简略的表示。

如图 3-1 就将主入口处的冰裂纹路面作了简单的示意。

6. 植物

采用"图例"作概括地表示。一般情况下在总体规划设计图纸中不要求具体到植物的品种，但是在目前实践中，有一些规划面积较小的简单设计，通常将总体规划设计图纸与种植设计图纸合二为一。因此，在总体规划中要求具体到植物的品种。但对于比较正规的设计而言，总体规划图不用具体到植物的品种，但所绘图例必须区分出针叶树、阔叶树；常绿树、落叶树；乔木、灌木、绿篱、花卉、草坪、水生植物等，而且对常绿植物在图例中必须画出间距相等的 45°细斜线。绘制植物平面图图例时，要注意曲线过渡自然，图形应形象、概括。树冠的投影、大小要按照成龄以后的树冠大小画。

（二）编制图例说明

为了方便阅读，在总体规划设计图纸中要求在适当位置对图纸中出现的图例进行标注，注明其含义。

为了使图面清晰，对图中的建筑应予以编号，一般情况下建筑的编号用英文字母 A、B、C、D 等表示，然后再注明相应的名称。由于在总体规划设计图纸中不要求区分植物的品种，因此，不用编制园林植物配置表。

从图 3-1 中我们可以看到有简单的图例说明，主要是针对园中的建筑及小品设施。

（三）标注定位尺寸或坐标网

总体规划设计图中的定位方式有以下两种：

（1）一种是根据原有景物定位，标注新设计的主要景物与原有景物之间的相对距离。

（2）另一种是采用直角坐标网定位。直角坐标网有建筑坐标网和测量坐标网两种标注方式。建筑坐标网是以工程范围内的某一固定点作为相对"0"点，再按一定距离画出网格，一般情况下水平方向为 D 轴，垂直方向为 A 轴，便可确定网格坐标。测量坐标网是根据造园所在地的测量基准点的坐标，确定网格的坐标，水平方向为 y 轴，垂直方向为 x 轴，坐标网格一般用细实线绘制。

（四）绘制比例、风玫瑰图或指北针，注写标题栏

（1）比例尺可以分为数字比例尺和线段比例尺，为便于阅读，总体规划设计图中宜采用线段比例尺。

（2）风玫瑰图又称风向频率玫瑰图，是根据当地多年统计的各个方向、吹风次数的平均百分数值，再按一定比例绘制而成的，图例中粗实线表示全年风频情况，虚线表示夏季风频情况，最长线段为当地主导风向。

（3）指北针一般放在图纸的右上角。

（4）标题栏一般根据具体情况进行注写。

（五）编写设计说明

设计说明是通过文字对设计思想和艺术效果进行进一步的表达，或者起到对图纸内容补充说明的作用，另外对于图纸中需要强调的部分以及未尽事宜也可用文字进行说明。例如：影响到园林设计而图纸中却没有反映出来的因素、地下水位、当地土壤状况、地理、人文等情况。

三、园林景观总体规划设计图纸的识别

（1）看图名、比例、设计说明、风玫瑰图、指北针。根据图名、设计说明、指北针、比例和风玫瑰，我们可了解到总体规划设计的意图和工程性质、设计范围、工程的面积和朝向等基本概况。为进一步地了解图纸做好准备。

（2）看等高线和水位线。了解园林的地形和水体布置情况，从而对全园的地形骨架有一个基本的印象。

（3）看图例和文字说明。明确新建景物的平面位置，了解总体布局情况。

（4）看坐标或尺寸。根据坐标或尺寸查找施工放线的依据。

四、园林总体规划设计图纸的绘制

（1）根据用地范围的大小与总体布局情况，选择适宜的绘图比例。一般情况下绘图比例的选择主要根据规划用地的大小来确定，若用地面积大，总体布置内容较多，可考虑选用较小的绘图比例；反之，则考虑选用较大的绘图比例。

（2）确定图幅，做好图面布局。绘图比例确定后，就可根据图形的大小确定图纸幅面，并进行图面布置。在进行图面布置时，应考虑图形、植物配置表、文字说明、标题栏、大标题等内容所占用的图纸空间，使图面布局合理，并且保证图面均衡。

（3）确定定位轴线，或绘制直角坐标网。对规则式的平面（如园林建筑设计图）要注明轴线与现状的关系；对自然式园路、园林植物种植应以直角坐标网格作为控制依据。

坐标网格以（2m×2m）～（10m×10m）为宜，其方向尽量与测量坐标网格一致，并采用细实线绘制。采用直角坐标网格标定各造园要素的位置时，可将坐标网格线延长作定位轴线，并在其一端绘制直径为8mm的细实线圆进行编号。

（4）绘制现状地形与欲保留的地物。

（5）绘制设计地形与新设计的各造园要素。

（6）检查底稿，加深图线。

（7）标注尺寸和标高。平面图上的坐标、标高均以"m"为单位，小数点后保留三位有效数字，不足的以"0"补齐。

（8）注写图例说明与设计说明。如果图纸上有相应的空间，可注写图例说明与设计说明。为使图面清晰，便于阅读，对图中的建筑物及设施应予以编号，编号一般采用大写英文字母。然后再注明其相应的名称。否则可将必要的内容注写于设计说明书中。

（9）绘制指北针或风玫瑰图等符号，注写比例尺，填写标题栏、会签栏。

为便于读图，园林设计平面图中宜采用线段比例尺，如图3-1所示。

（10）检查并完成全图。为了更形象地表达设计意图，往往在设计平面图的基础上，根据设计者的构思及需要绘制出立面图、剖面图、全园鸟瞰图和局部效果图等。

第三节 园林景观种植设计图

一、园林景观植物种植设计图的内容与用途

（一）内容

园林景观植物种植设计图是表示设计植物的种类、数量、规格、种植位置及类型和要求的平面图样。

园林景观植物种植设计图是用相应的平面图例在图纸上表示设计植物的种类、数量、规格以及园林植物的种植位置。通常还在图面上适当的位置，用列表的方式绘制苗木统计表，具体统计并详细说明设计植物的编号、图例、种类、规格（包括树干直径、高度或冠幅）和数量等，如图3-2所示。

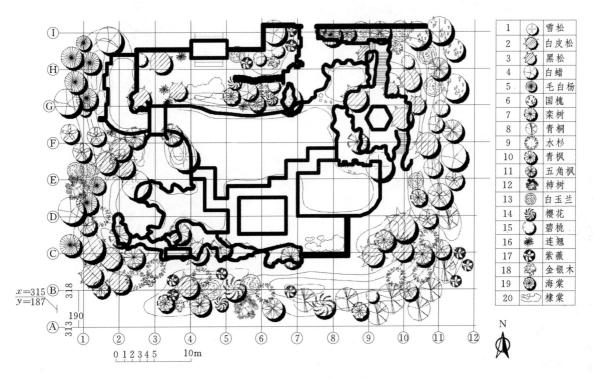

1	雪松
2	白皮松
3	黑松
4	白蜡
5	毛白杨
6	国槐
7	栾树
8	青桐
9	水杉
10	青枫
11	五角枫
12	柿树
13	白玉兰
14	樱花
15	碧桃
16	连翘
17	紫薇
18	金银木
19	海棠
20	棣棠

图3-2 某游园植物种植设计图

（二）用途

园林景观植物种植设计图是组织种植施工、进行养护管理和编制预算的重要依据。

二、绘制要求

（一）线型要求

在园林景观植物种植设计图上，要求绘制出植物、建筑、水体、道路及地下管线等位置，其中植物用细实线表示；水体边界用粗实线表示出驳岸，沿水体边界线内侧用细实线表示出水面；建筑用中实线；道路用细实线；地下管道或构筑物用中虚线。

（二）绘制要求

在园林景观植物种植的设计图中，宜将各种植物按平面图中的图例，绘制在所设计的种植位置上，并应以圆点示出树干位置。树冠大小按成龄后效果最好时的冠幅绘制。为了便于区别树种，计算株数，应将不同树种统一编号，标注在树冠图例内。

在规则式的种植设计图中，对单株或丛植的植物宜以圆点表示种植位置，对蔓生和成片种植的植物，用细实线绘出种植范围，草坪用小圆点表示，小圆点应绘得有疏有密，凡在道路、建筑物、山石、水体等边缘处应密，然后逐渐稀疏，作出退晕的效果。

对同一树种在可能的情况下尽量以粗实线连接起来，并用索引符号逐树种编号，索引符号用细实

线绘制，圆圈的上半部注写植物编号，下半部注写数量，尽量排列整齐使图面清晰。

三、园林植物种植设计图纸的识别

识别园林植物种植设计图主要用以了解种植设计的意图、绿化目的及所达效果，明确种植要求，以便组织施工和作出工程预算，读图步骤如下：

（1）看标题栏、比例、指北针（或风玫瑰图）及设计说明。了解工程名称、性质、所处方位（及主导风向），明确工程的目的、设计范围、设计意图，了解绿化施工后应达到的效果。

（2）看植物图例、编号、苗木统计表及文字说明。根据图纸中各植物的编号，对照苗木统计表及技术说明，了解植物的种类、名称、规格、数量等，验核或编制种植工程预算。

（3）看图纸中植物种植位置及配置方式。根据植物种植位置及配置方式，分析种植设计方案是否合理，植物栽植位置与建筑及构筑物和市政管线之间的距离是否符合有关设计规范的规定等技术要求。

（4）看植物的种植规格和定位尺寸，明确定点放线的基准。

（5）看植物种植详图，明确具体种植要求，从而合理地组织种植施工。

四、园林植物种植设计图纸的绘制

（1）选择绘图比例，确定图幅。园林植物种植设计图的比例不宜过小，一般不小于1：500，否则，无法表现植物种类及其特点。

（2）确定定位轴线，或绘制直角坐标网。

（3）绘制出其他造园要素的平面位置。将园林设计平面图中的建筑、道路、广场、山石、水体及其他园林设施和市政管线等的平面位置按绘图比例绘在图上。

（4）先标明需保留的现有树木，再绘出种植设计内容。

（5）编制苗木统计表。在图中适当位置，列表说明所设计的植物编号、植物名称（必要时注明拉丁文名称）、单位、数量、规格及备注等内容。如果图上没有空间，可在设计说明书中附表说明。

（6）编写设计施工说明，绘制植物种植详图。必要时按苗木统计表中的编号，绘制植物种植详图，说明种植某一物时挖坑、施肥、覆土、支撑等种植施工要求，如图3-3所示。

（7）画指北针式风玫瑰图，注写比例和标题栏。

（8）检查并完成全图。有时为提高图面效果，可进行色彩渲染。

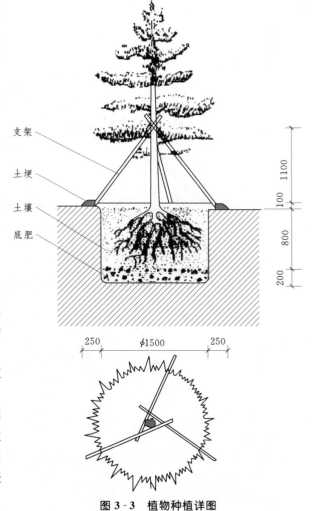

图3-3　植物种植详图

第四节　园林景观竖向设计图

竖向设计图是根据总体设计平面图及原地形图绘制的地形详图，它借助标注高程的方法表示地形在竖直方向上的变化情况，它是造园工程土方调配预算和地形改造施工的主要依据，如图3-4所示。

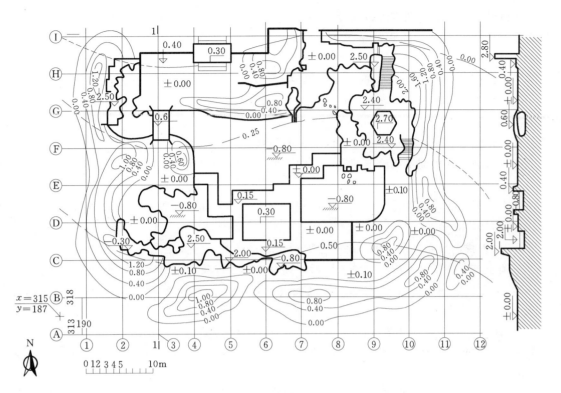

图 3 - 4 某游园竖向设计图

一、竖向设计图纸的内容与用途

（一）内容

1. 竖向设计的概念

竖向设计是指在一块场地上进行垂直于水平面方向的布置和处理园林用地的竖向设计，也就是园林中各个景点、各种设施及地貌等在高程上如何创造高低变化和协调统一的设计。竖向设计是园林总体规划设计的一项重要内容。

2. 竖向设计图的概念

竖向设计图是表示园林中各个景点、各种设施及地貌等在高程上的高低变化和协调统一的一种图样。

3. 竖向设计图的内容

竖向设计图主要表现地形、地貌、建筑物、植物和园林道路系统等各种造园要素的高程等内容，如地形现状及设计高程，建筑物室内控制标高，山石、道路、水体及出入口的设计高程，园路主要转折点、交叉点、变坡点的标高和纵坡坡度以及各景点的控制标高等。

它是在原有地形的基础上，所绘制的一种工程技术图样。

（二）用途

竖向设计图是造园工程土方调配预算和地形改造施工的主要依据。

从园林的实用功能出发，对园林地形、地貌、建筑、绿地、道路、广场、管线等进行综合竖向设计，统筹安排园内各种景点、设施、地貌以及景观之间的关系，使地上设施和地下设施之间、山水之间、园内与园外之间在高程上有合理的关系，从而创造出技术经济合理、景观优美和谐、富有生机的园林作品。

二、绘制要求

（一）绘制等高线

在绘制竖向设计图时一般要根据地形设计中地形在竖向上的变化情况，选定合适的等高距。

现代园林中不建议大规模的挖湖堆山，因此，一般地形变化不强烈，常用的等高距是 1m。

在竖向设计图中一般用细实线表示设计地形的等高线，用细虚线表示原地形的等高线。

等高线上应标注高程，高程数字处等高线应断开，高程数字的字头应朝向山头，数字要排列整齐。

周围平整地面（或者说相对零点）高程标注为±0.00。高于相对零点为正，数字前注写"＋"号，但一般情况下常省略不写；低于相对零点为负，数字前应注写"－"号。高程单位为m，要求保留两位小数。

对于水体，用特粗实线表示水体边界线（即驳岸线）。

当湖底为缓坡时，用细实线绘出湖底等高线，同时均需标注高程，并在标注高程数字处将等高线断开。

当湖底为平面时，用标高符号标注湖底高程，标高符号下面应加画短横线和45°线表示湖底。如图所示。

从图3-4中我们可以看到：小游园的原地形是北低南高，等高距是0.25m，从图中可以看出本设计为了平衡土方利用了北低南高的原有地形，以及中部水体及其识别所挖出的土方量，进行地形改造，设计地形基本集中在园子的南部，等高距是0.40m。园子中部的水体池底为平底，标高为－0.80m。

（二）标注建筑、山石、道路高程

竖向设计图要求将总体规划设计图中的建筑、山石、道路、广场等园林组成要素按水平投影轮廓绘制到竖向设计图中。

其中建筑用中实线，山石用粗实线，广场、道路用细实线。

具体的标注要求为：建筑应标注室内地坪标高，以箭头指向所在位置。山石用标高符号标注最高部位的标高。道路高程一般标注在交叉、转向、变坡处，标注位置以圆点表示，圆点上方标注高程数字。

从图3-4中我们可以看到：园中所有的建筑都反映出了室内地坪标高，并且在标注时用箭头指向所在位置。比如，我们从图中可以看到，园子东部的六角亭室内地坪标高为2.70m，园子中部的水榭，室内地坪标高为0.30m。另外图上还在道路的交叉、转向、变坡处进行了高程标注。标注位置以圆点表示，圆点上方标注高程数字。

（三）标注排水方向

对于排水方向的标注我们一般根据坡度，用单箭头来表示雨水排除方向。

从图3-4中我们可以看到：图中有许多表示雨水排除方向的单箭头，并且雨水的排除一般采取就近排入园中水体，或排出园外的方法。

（四）绘制方格网

为了便于施工放线，在竖向设计图中应设置方格网。设置时尽可能使方格的某一边落在某一固定建筑设施边线上（目的是便于将方格网测设到施工现场），每一网格边长可根据需要确定为5m、10m、20m等，其比例应与图中比例保持一致。

方格网应按顺序编号，一般规定为：横向从左向右，用阿拉伯数字编号；纵向自下而上，用拉丁字母编号，并按测量基准点的坐标，标注出纵横第一网格坐标。

（五）绘制比例、指北针、注写标题栏、技术要求等

（六）绘制局部断面图

若园中设计地形比较复杂，必要时，可绘制出某一剖面的断面图，以便直观地表达该剖面上竖向变化情况。从图3-4中我们可以看到：在图纸的右方有一个表现局部地形变化情况的1—1断面图。

有的时候为了更清楚地反映出地形变化和景观效果也可绘制出剖面图。

三、竖向设计图纸的识别

（1）看图名、比例、指北针、文字说明。了解工程名称、设计内容、工程所处方位和设计范围。

（2）看等高线的分布情况及高程标注。了解新设计地形的特点和原地形标高，了解地形高低变化

及土方工程情况，并结合景观总体规划设计，分析竖向设计的合理性。并且根据新、旧地形高程变化，了解地形改造施工的基本要求和做法。

（3）看建筑、山石和道路标高情况。

（4）看排水方向。从图 3-4 可见，该园利用自然坡度排出雨水，大部分雨水流入中部水池，四周流出园外。

（5）看坐标，确定施工放线依据。

四、竖向设计图纸的绘制

1. 根据用地范围的大小和图样复杂程度，选定适宜的绘图比例

对同一个工程而言，一般常采用与总体规划设计图相同的比例。

2. 确定合适的图幅，合理布置图面

3. 确定定位轴线，或绘制直角坐标网

以上两步与园林总体规划设计平面图的绘图要求相同。

4. 根据地形设计选定合适的等高距，并绘制等高线

（1）等高距。等高距可根据地形的变化而确定，可为整数，也可为小数。现代园林不提倡大面积的挖湖堆山。因此，所作的地形设计一般都为微地形，所以在不说明的情况下等高距均默认为 1m。

（2）等高线。竖向设计中等高线用细实线绘制，原地形等高线用虚实线绘制。

5. 绘制出其他造园要素的平面位置

（1）园林建筑及小品。按比例采用中实线绘制，并且只绘制其外轮廓线。

（2）水体。驳岸线用特粗线绘制，湖底为缓坡时，用细实线绘出湖底等高线。湖底为平底时应在水面上将湖底的高程标出。如图 3-4 所示。我们可以看到湖底的标高为 -0.80m。

（3）山石、道路、广场。

山石外轮廓线用粗实线绘制，广场、道路用细实线绘制。对于假山要求标注出最高点的高程，如图 3-4 所示，我们可以看到园中西北角六角亭所在处的假山最高点的高程为 2.4m，另外，其他各处的假山也均有标注。

（4）为使图面清晰可见，在竖向设计图纸中通常不绘制园林植物。

6. 标注排水方向、尺寸，注写标高

（1）排水方向的标注。排水方向用单箭头表示。雨水的排除一般采取就近排入园中水体，或排出园外的方法。

（2）等高线的标注。等高线上应注写高程，高程数字处等高线应断开，高程数字的字头应朝向山头，数字应排列整齐。一般以平整地面高程定为 ±0.00，高于地面为正，数字前"+"可省略；低于地面为负，数字前应注写"-"号。高程的单位为"m"，小数点后保留两位有效数字。

（3）建筑物、山石、道路、水体等的高程标注。

1）建筑物：应标注室内地坪标高，并用箭头指向所在位置。

2）山石：用标高符号标注最高部位的标高。

3）道路：其高程一般标注于交汇、转向、变坡处。标注位置以圆点表示，圆点上方标注高程数字。

4）水体：当湖底为缓坡时，标注于湖底等高线的断开处；当湖底为平面时，用标高符号标注湖底高程，标高符号下面应加画短横线和 45° 斜线表示湖底。

7. 注写设计说明

用简明扼要的语言，注写设计意图，说明施工的技术要求及做法等，或附设计说明书。

8. 画指北针或风玫瑰图，注写标题栏

根据表达需要，在重点区域、坡度变化复杂的地段，还应绘出剖面图或断面图，以表示各关键部位的标高及施工方法和要求。

第五节 园林建筑单体设计图

一、建筑总平面图

(一)建筑总平面图的形成和用途

建筑总平面图是假设在建设区的上空向下投影所得的水平投影图。

总平面图主要表达拟建房屋的位置和朝向,与原有建筑物的关系,周围道路、绿化布置及地形地貌等内容。

它可作为拟建房屋定位、施工放线、土方施工以及施工总平面布置的依据。

(二)建筑总平面图的图示方法

总平面图是用正投影的原理绘制的,图形主要是以图例的形式表示,总平面图的图例采用《总图制图标准》(GB/T 50103—2001)规定的图例,画图时应严格执行该图例符号。图线的宽度 b,应根据图样的复杂程度和比例,按《房屋建筑制图统一标准》(GB/T 50001—2001)中图线的有关规定执行。总平面图的坐标、标高、距离以 m 为单位,并应至少取至小数点后两位。

在建筑总平面图中建筑的表现手法有以下 4 种。

1. 抽象轮廓法

抽象轮廓法适用于小比例总体规划图,主要是将建筑按照比例缩小后,绘制出其轮廓,或者以统一的抽象符号表现出建筑的位置,其优点在于能够很清晰地反映出建筑的布局及其相互之间的关系。常用于导游示意图,如图 3-5 所示。

2. 涂实法

涂实法表现建筑主要是将规划用地中的建筑物涂黑,涂实法的特点是能够清晰地反映出建筑的形状、所在位置以及建筑物之间的相对位置关系,并可用来分析建筑空间的组织情况。但对个体建筑的结构反映得不清楚。适用于功能分析图,如图 3-6 所示。

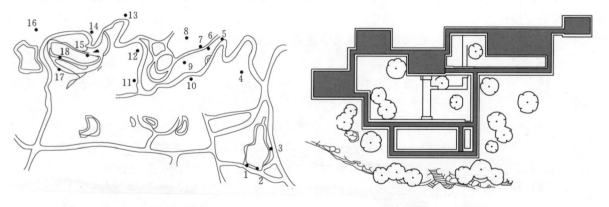

图 3-5 抽象轮廓法   图 3-6 涂实法

3. 平顶法

平顶法表现建筑的特点在于能够清楚地表现出建筑的屋顶形式以及坡向等,而且具有较强的装饰效果,特别适合表现古建筑较多的建筑总平面图,常用于总平面图,如图 3-7 所示。

4. 剖平法

剖平法比较适合于表现个体建筑,它不仅能表现出建筑的形状、位置、周围环境,还能表现出建筑内部的简单结构,常用于建筑单体设计,如图 3-8 所示。

(三)绘制方法

1. 选择合适的比例

建筑总平面图要求表明拟建建筑与周围环境的关系,所以涉及的区域一般都比较大,因此常选用较小的比例绘制,如 1:500、1:1000 等。

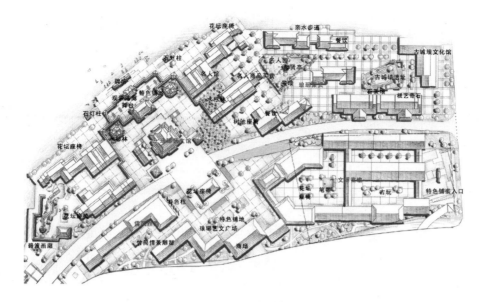

图 3-7 平顶法

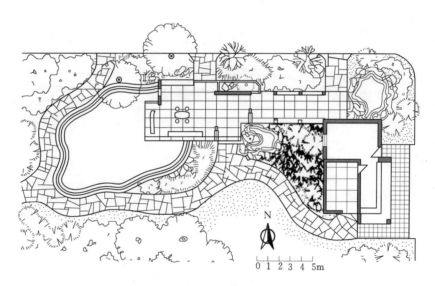

图 3-8 剖平法

2. 绘制图例

建筑总平面图是用建筑总平面图例表达其内容，包括地形现状建筑物和构筑物，道路和绿化等，并按其所在位置画出它们的水平投影图。

3. 用尺寸标注或坐标网进行拟建建筑的定位

用尺寸标注的形式应标明与其相邻的原有建筑或道路中心线的距离。如图 3-8 所示无原有建筑或道路作参照物，可用坐标网绘出坐标网格，进行建筑定位。

4. 标注标高

建筑总平面图应标注建筑首层地面的标高、室外地坪及道路的标高及地形等高线的高程数字，单位均为 m。

5. 绘制指北针、风玫瑰图、图例等

6. 注写比例、图名、标题栏

7. 编写设计说明

二、建筑平面图

（一）建筑平面图的形成

假想用一个水平的剖切平面沿房屋窗台以上的部位剖开，移去上部后向下投影所得的水平投影图，称为建筑平面图，如图 3-9 所示。实质上是房屋各层的水平剖面图。

平面图虽然是房屋的水平剖面图，但按习惯不必标注其剖切位置，也不称为剖面图。

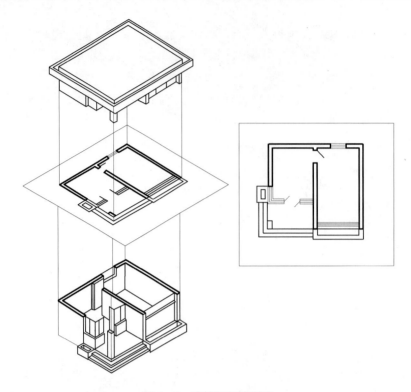

图 3-9 建筑平面图形成

（二）内容与用途

1. 内容

建筑平面图可以反映出建筑的平面形状、大小、建筑内部的分隔和使用功能，以及墙、柱、门、窗、楼梯等的位置。多层建筑若各层的平面布置不同，应画出各层平面图。如图 3-10 所示为建筑平面图。

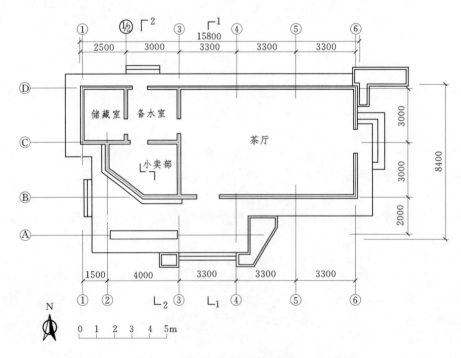

图 3-10 建筑平面图

2.作用

建筑平面图主要反映房屋的平面形状、大小和房间布置，墙（或柱）的位置、厚度和材料，门窗的位置、开启方向等。

建筑平面图可作为施工放线，砌筑墙、柱，门窗安装和室内装修及编制预算的重要依据。

（三）绘制方法

1.选择合适的比例

在绘制建筑平面图之前，首先要根据建筑物形体的大小选择合适的绘制比例，通常可选 1：50、1：100、1：200 的比例，如果要绘制局部放大图样，可选 1：10、1：20、1：50 的比例。

2.画定位轴线并进行编号

轴线是设计和施工的定位线。定位轴线是用来确定建筑基础、墙、柱和梁等承重构件的相对位置，并带有编号的轴线。定位轴线用细点划线绘制，端部画上直径为 8mm 的细实线圆，并在圆内写上编号。定位轴线的编号宜标注在图样的下方与左侧。横向编号应用阿拉伯数字，从左至右顺序编写；竖向编号应用大写拉丁字母，从下至上顺序编号，如图 3-11 所示。拉丁字母中的 I、O、Z 不得用为轴线编号。

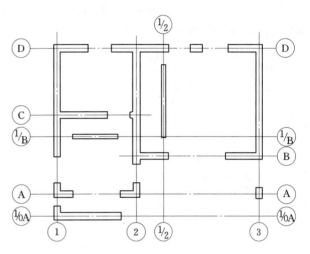

图 3-11　定位轴线

对于那些非承重构件，可画附加轴线，附加轴线的编号，应以分数表示，分母表示前一轴线的编号，分子表示附加轴线的编号。1 或 A 轴前的附加轴线分母为 01 或 0A，如图 3-12 所示；平面组合较复杂的图，定位轴线采用分区编号，即分区号—该区编号。

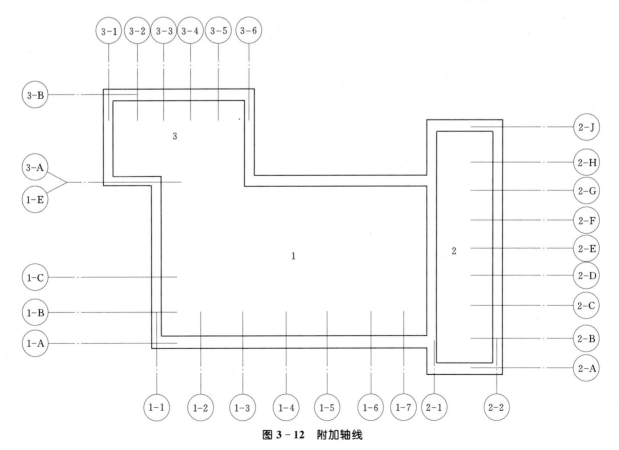

图 3-12　附加轴线

3. 线型要求

在建筑平面图中凡是被剖切到的主要构造（如墙、柱等）断面轮廓线均用粗实线绘制，墙柱轮廓都不包括粉刷层厚度，粉刷层在1∶100的平面图中不必画出。在1∶50或更大比例的平面图中，用粗实线画出粉刷层厚度。

被剖切到的次要构造的轮廓线及未被剖切平面剖切的可见轮廓线用中实线绘制（如窗台、台阶、楼梯、阳台等）。

尺寸线、图例线、索引符号等用细实线绘制。

4. 门、窗的画法

门、窗的平面图画法应按图例绘制。

5. 尺寸标注

建筑平面图应标注外部的轴线尺寸及总尺寸，细部分段尺寸及内部尺寸可不标注。平面图中还应注明室内外地面、楼台阶顶面的标高，均为相对标高，一般底层室内地面为标高零点标注为±0.00m。

6. 绘制指北针、剖切符号、注写图名、比例等

7. 编制设计说明

建筑平面图是建筑设计中最基本的图纸，应准确、细致地绘制出其平面图，为表现建筑构造和以后细部设计提供依据。

（四）绘制步骤

此处以某公园的传达室为例绘制步骤如下：

（1）绘制建筑外墙的中线 [图3-13（a）]。

（2）画出建筑外墙的厚度 [图3-13（b）]。

（3）画出门窗的位置以及宽度（当使用较大的比例尺时只需画出门、窗框等的示意位置），如图3-13（c）所示。

（4）加深墙的剖断线，按照线型要求依次加深其他各线，门的开关弧线用细实线画出。如图3-13（d）所示。

（5）绘制配景并表现建筑周围的地面材料（用细实线）。如图3-13（e）所示。

三、建筑立面图

（一）建筑立面图的形成与作用

1. 形成

以平行于房屋外墙面的投影面，用正投影的原理绘制出的房屋投影图，称为立面图，如图3-14所示。

2. 作用

建筑立面图主要反映房屋的体型和外貌、门窗的形式和位置、墙面的材料和装修做法等，是施工

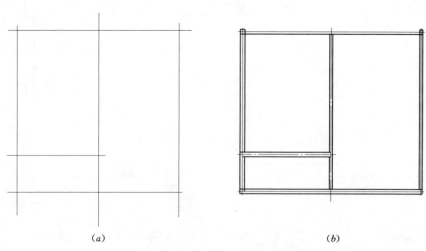

| (a) | (b) |

图3-13（一） 某公园传达室

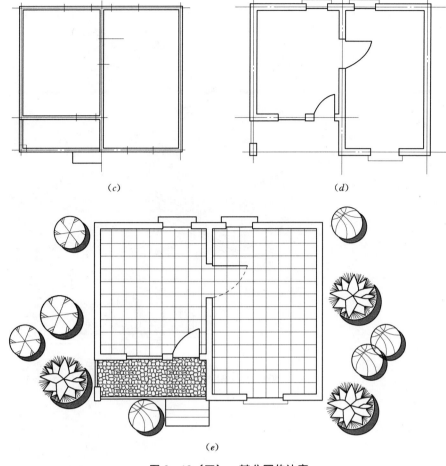

（c）　　　　　　　　　　　　　　　　（d）

（e）

图 3-13（二）　某公园传达室

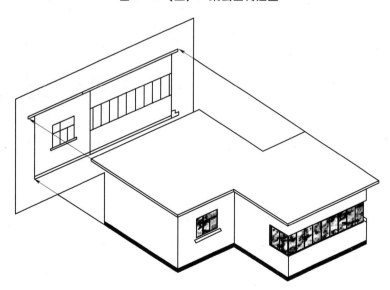

图 3-14　建筑立面图形成

的重要依据。

（二）立面图的命名方式

1. 用朝向命名

建筑物的某个立面面向哪个方向，就称那个方向的立面图，如图 3-15 所示。

2. 按外貌特征命名

将建筑物反映主要出入口或比较显著的反映外貌特征的那一面成为正立面图。

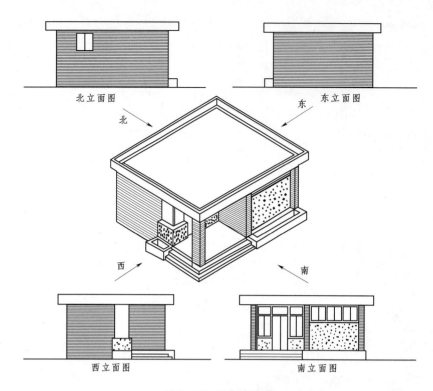

图 3 - 15 用朝向命名

3. 用建筑平面图中的首尾轴线命名

按照观察者面向建筑物从左到右的轴线顺序命名，如图 3 - 16 所示。

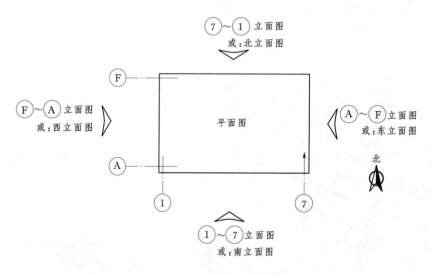

图 3 - 16 用轴线顺序命名

（三）建筑立面图的绘制方法

1. 选择比例

在绘制建筑立面图之前，首先要根据建筑物形体的大小选择合适的绘制比例，通常情况下建筑立面图所采用的比例应与平面图相同。

2. 线型要求

建筑立面图的外轮廓线应用粗实线绘制；主要部位轮廓线（如门窗洞口、台阶、花台、阳台、雨篷、檐口等）用中实线绘制；次要部位的轮廓线（如门窗的分格线、栏杆、装饰脚线、墙面分格线等）用细实线绘制；地平线用特粗实线绘制。

3. 尺寸标注

在立面图中应标注外墙各主要部位的标高，如室外地面、台阶、窗台、门窗上口、阳台、檐口、屋顶等处的标高，如图 3-17 所示。尺寸标注应标注上述各部位相互之间的尺寸。要求标注排列整齐，力求图面清晰。

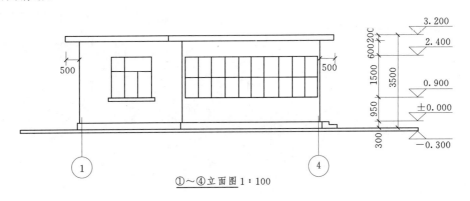

①～④立面图 1：100

图 3-17　尺寸标注

4. 绘制配景

为了衬托园林建筑的艺术效果，根据总平面的环境条件，通常在建筑物的两侧和后部绘出一定的配景，如花草、树木、山石等。绘制时可采用概括画法，力求比例协调，层次分明。如图 3-18 所示可以看出无配景与绘制配景的区别。从图上我们可以看出绘制配景后，建筑的立面显得生动、丰满。

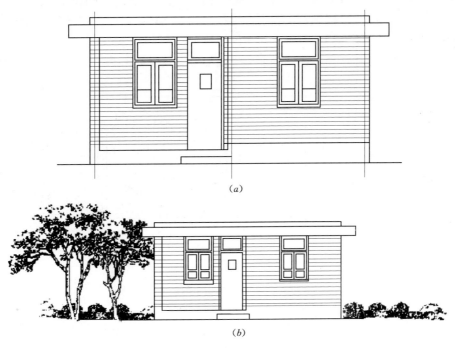

(a)

(b)

图 3-18　绘制配景

(a) 无配景；(b) 有配景

5. 注写比例、图名及文字说明等

建筑立面图上的文字说明一般可包括：建筑外墙的装饰材料说明，构造做法说明等。

四、建筑剖面图

(一) 建筑剖面图的形成

假想用一个或多个垂直于外墙轴线的铅垂剖切平面将房屋剖开，移去靠近观察者的部分，对留下部分所作的正投影图称为建筑剖面图。建筑剖面图是整幢建筑物的垂直剖面图。剖面图的图名应与底层平面图上标注的剖切符号编号一致，如图 3-19 所示。

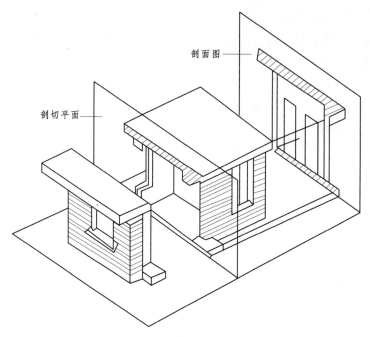

图 3 – 19　建筑剖面图形成

（二）建筑剖面图的内容与用途

1. 内容

建筑剖面图主要表现园林建筑内部结构及各部位标高，在绘制建筑剖面图的过程中，剖切位置的选择非常关键，建筑剖切位置一般选在建筑内部构造有代表性和空间变化较复杂的部位，同时结合所要表达的内容确定，一般应通过门、窗等有代表性的典型部位。

剖面图的名称应与平面图中所标注的剖面位置线编号一致。如图 3 – 20 所示为建筑剖面图。

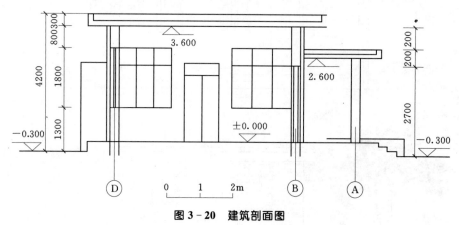

图 3 – 20　建筑剖面图

2. 用途

建筑剖面图与平面图、立面图相配合，可以完整地表达建筑物的设计方案，并为进一步设计和施工提供依据。

（三）建筑剖面图的绘制方法

1. 选择比例

绘制建筑剖面图时也应根据建筑物形体的大小选择合适的绘制比例，建筑剖面图所选用的比例一般应与平面图及立面图相同。

2. 绘制定位轴线

在剖面图中凡是被剖切到的承重墙、柱等都要画出定位轴线，并注写与平面图相同的编号。

3. 剖切符号

为了方便看图，要求必须在平面图中明确地表示出剖切符号，并在剖面图下方标注与其相应的图名。

剖切符号由剖切位置线和剖视方向线组成：剖切位置线是长度为6～10mm的粗实线，剖视方向线是4～6mm的粗实线，剖切位置线与剖视方向线垂直相交，并应在剖视方向线旁边加注编号。

4．线型要求

被剖切到的地面线要求用特粗实线绘制；其他被剖切到的主要可见轮廓线用粗实线绘制（如墙身、楼地面、圈梁、过梁、阳台、雨篷等）；没有被剖切到的主要可见轮廓线的投影用中实线绘制；其他次要部位的投影等用细实线绘制（如栏杆、门窗分格线、图例线等）。

5．尺寸标注

水平方向上剖面图应标注承重墙或柱的定位轴线间的距离尺寸；垂直方向应标注外墙身各部位的分段尺寸（如门窗洞口、勒脚、窗下墙的高度、檐口高度、建筑主体的高度等）。

6．标高标注

应标注室内外地面、各层楼面、阳台、檐口、顶棚、门窗、台阶等主要部位的标高。

7．注写图名、比例及有关说明等

（四）剖面图的种类和应用

1．全剖面图

用一个剖切平面将形体完整地剖切开，得到的剖面图，称为全剖面图。全剖面图一般应用于不对称的建筑形体，或对称但较简单的建筑构件中，如图3－21所示。

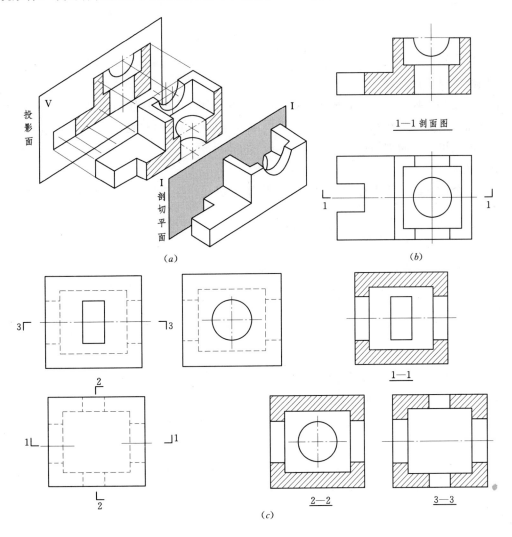

图3－21　全剖面图

（a）形成；（b）画法；（c）1—1～1—3剖面图

2. 半剖面图

如果形体对称，画图时常把投影图一半画成剖面图，另一半画成外观图，这样组合而成的投影图称为半剖面图，如图3-22所示。

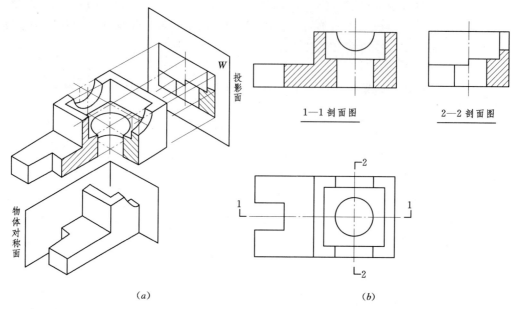

图3-22 半剖面图

(a) 形成；(b) 画法

半剖面图绘制时应注意：

(1) 半剖面图和半外形图应以对称面或对称线为界，对称面或对称线用细单点长画线表示。

(2) 半剖面图一般应画在水平对称轴线的下侧或竖直对称轴线的右侧。

(3) 半剖面图可以不画剖切符号。

3. 阶梯剖面图

用两个或两个以上的互相平行的剖切平面将形体剖切开，得到的剖面图称为阶梯剖面图，如图3-23所示。

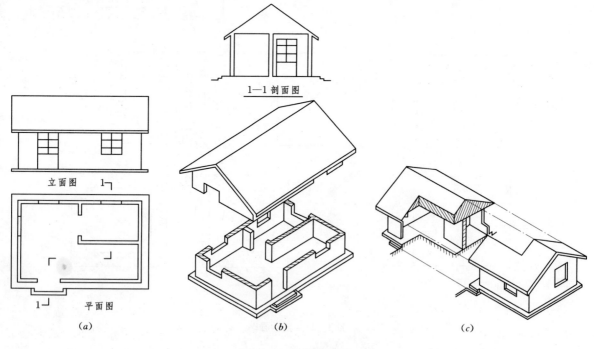

图3-23 阶梯剖面图

4. 展开剖面图

用两个或两个以上相交剖切平面剖切形体，所得到的剖面图称作展开剖面图，如图 3-24 所示。

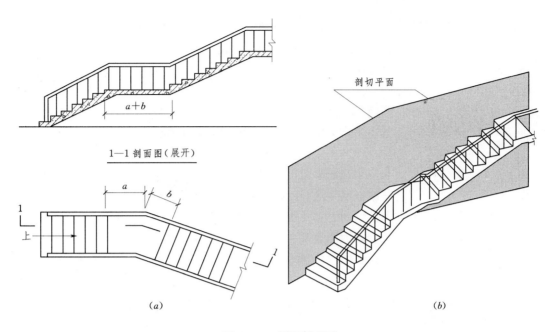

1—1 剖面图（展开）

（a）   （b）

图 3-24　展开剖面图

（a）水平投影图；（b）直观图

5. 局部剖面图与分层剖面图

当仅仅需要表达形体的某局部内部构造时，可以只将该局部剖切开，只作该部分的剖面图，称为局部剖面图，如图 3-25 所示。

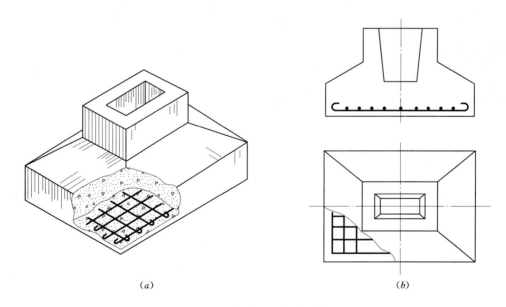

（a）   （b）

图 3-25　局部剖面图与分层剖面图

五、建筑断面图

1. 断面图的形成

对于某些建筑构件，如构件形状呈杆件形，要表达其侧面形状以及内部构造时，可以用剖切平面剖切后，只画出形体与剖切平面剖切到的部分，其他部分不予表示，即用假想剖切平面将形体剖切后，仅画剖切平面与形体接触部分的正投影，称为断面图，简称断面或截面。如图 3-26 所示。

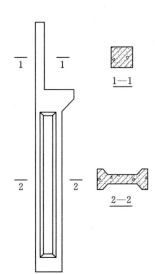

图 3-26 建筑断面图

2. 断面图与剖面图的区别

(1) 概念不同。

断面图只画形体与剖切平面接触的部分,而剖面图画形体被剖切后,剩余部分的全部投影,即剖面图不仅画剖切平面与形体接触的部分,而且还要画出剖切平面后面没有被剖切平面切到的可见部分,如图 3-27 中台阶的剖面图与断面图。

(2) 剖切符号不同。

断面图的剖切符号是一条长度为 6~10mm 的粗实线,没有剖视方向线,剖切符号旁编号所在的一侧是剖视方向。

(3) 剖面图中包含断面图。

(4) 重合断面图。

将断面图直接画于投影图中,使断面图与投影图重合在一起称为重合断面图。如图 3-28 所示的角钢和倒 T 形钢的重合断面图。

重合断面图通常在整个构件的形状基本相同时采用,断面图的比例必须和原投影图的比例一致。其轮廓线可能闭合,也可能不闭合,如图 3-28 所示。

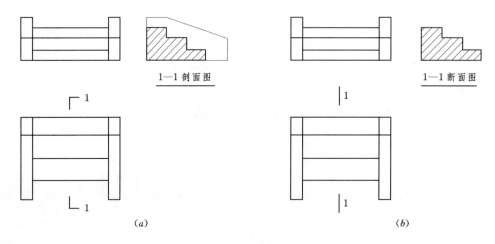

(a)   (b)

图 3-27 断面图与剖面图

(a) 剖面图;(b) 断面图

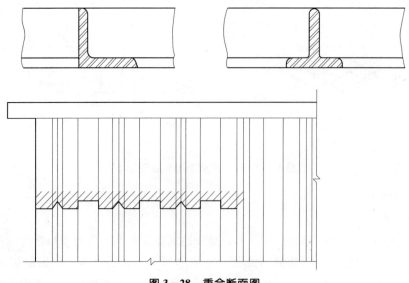

图 3-28 重合断面图

在施工图中的重合断面图，通常把原投影的轮廓线画成中粗实线或细实线，而断面图画成粗实线。

（5）中断断面。

对于单一的长杆件，也可以在杆件投影图的某一处用折断线断开，然后将断面图画于其中，不画剖切符号，如图3-29（a）的木材断面图，图3-29（b）是钢屋架大样图，该图通常采用中断断面图的形式表达各弦杆的形状和规格。中断断面图的轮廓线也为粗实线，图名沿用原图名。

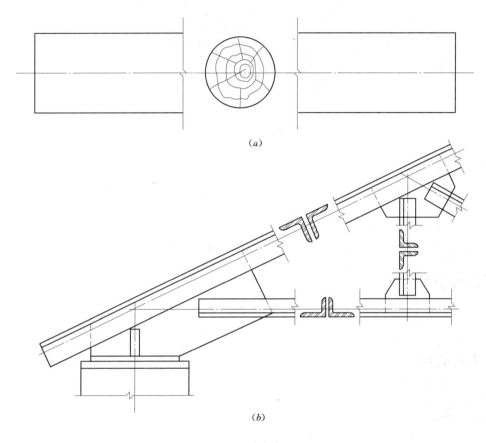

（a）

（b）

图 3-29　中断断面

（a）木材断面；（b）钢屋架大样图

六、建筑详图

1. 建筑详图的形成

由于画平面、立面、剖面图时所用的比例较小，房屋上许多细部的构造无法表示清楚，为了满足施工的需要，必须分别将这些部位的形状、尺寸、材料、做法等用较大的比例详细画出图样，这种图样称为建筑详图，简称详图，如图3-30所示。

2. 建筑详图的种类

（1）局部构造详图：如楼梯详图、墙身详图等。

（2）构件详图：如门窗详图、阳台详图等。

（3）装饰构造详图：如墙裙构造详图、门窗套装饰构造详图。

3. 建筑详图的表示方法

详图的数量：详图的数量和图示内容与房屋的复杂程度及平面、立面、剖面图的内容和比例有关，如图3-31所示。

对于套用标准图或通用图的建筑构配件和节点，只需注明所套用图集的名称、型号或页次，可不必另画详图。

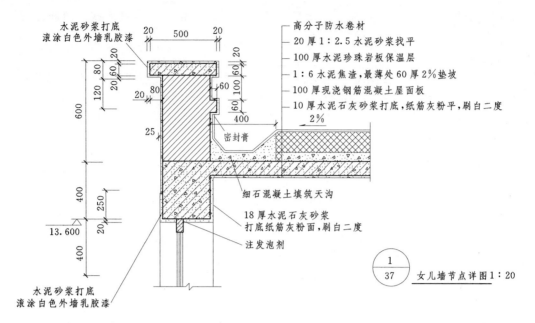

图 3－30　建筑详图

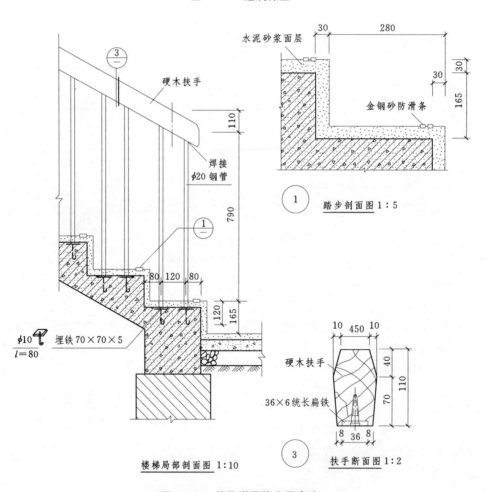

图 3－31　建筑详图的表示方法

第四章

透 视 图 画 法

第一节 透 视 图 的 基 本 知 识

一、透视的概念

如图 4-1 所示，在观察者和物体之间设立一个画面，并假设画面是透明的。观察者看物体时，由眼睛发出一系列的视线通过物体的各个可见点，视线穿过画面并与画面有一系列的交点，依次连接这些交点即得空间物体的透视图。在观察者看来，空间物体就好像处在画面上图像的位置，因此，透视图具有很强的立体感。"透视"的原意则是"透过去看"的意思。

在作透视图时，视线为投影线，视点为投影中心（可以看作是点光源），所以，透视投影是以人眼为中心、视线为投影线的中心投影。

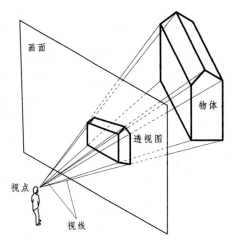

图 4-1 透视的形成

二、透视图与正投影图、轴测图的对比

（一）正投影图

太阳光线或者点光源无限远时，可以看作平行光线。当平行光线垂直于投影面时，即正投影。光线从不同的方向照射物体，可以得到物体不同面的投影图。我们一般建立三面投影体系，通过平面图、立面图、侧面图来表现建筑形体。正投影图的突出优点是能够直观地表现物体各个面的实际形状和尺寸；缺点是没有立体感，需要有一定专业知识的人才能读懂，如图 4-2 所示。

（二）轴测图

轴测图由平行投影中的斜平行投影获得。其突出优点是能够表现物体的立体效果，能够直接从图上量取物体的真实尺寸，且作图简便；缺点是不符合人眼的视觉规律，如图 4-3 所示。

（三）透视图

透视图由中心投影（即投形）获得。透视图表现物体的直观形象，如同我们画实物或照相。其突出优点是能够表现物体的立体效果，同时符合人眼的视觉规律，比较美观；缺点是作图较为繁琐，且不能从图上直接量取物体的实际尺寸，如图 4-4 所示。

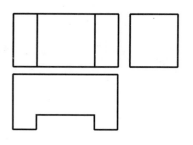

图 4-2 物体的三面投影

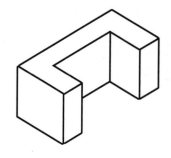

图 4-3 物体的轴测效果图

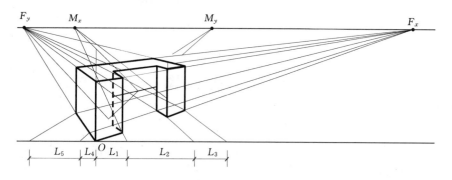

图 4-4 物体的透视效果图

透视图和轴测图一样，都是一种单面投影。不同之处在于轴测图是用平行投影法画出的图形，虽具有较强的立体感，但不够真实，不太符合人们的视觉印象。而透视图是以人的眼睛为投影中心的中心投影，即人们透过一个平面来观察物体时，由观看者的视线与该面相交而成的图形。它相当于在有限距离内看到的物体形状，因此比物体的轴测面更加逼真，并且随物体尺寸的增大，这两种图的差异愈加明显。所以，在建筑设计中，常绘制建筑物的透视图，用来比较、审定设计方案。

三、透视图的特点

如图 4-5 所示为一建筑物的透视图，从图中可以看到以下特点：

（1）近大远小，建筑物上等体量的构件，距我们近的透视投影大，远的透视投影小。

（2）近高远低，建筑物上等高的柱子（墙体），在透视图中，距我们近的高，远的低。

（3）近疏远密，建筑物上等距离的柱子，在透视图中，距我们近的柱距疏，远的密。

（4）水平线交于一点，建筑物上平行的水平线，在透视图中，延长后交于一点。

四、透视作图术语

图 4-6 表明了透视投影体系的空间情况。为便于讨论和作图，首先对透视投影体系中的各要素给定相应的术语与符号。

（1）基面（GP）：为水平面，是指园景所在的平面，通常将设计平面作为基面。

（2）画面（PP）：为铅垂面，是指景物投影所在的平

图 4-5 建筑透视效果

面，也可将绘制透视图的图纸作为画面。画面与基面通常互相垂直，三点透视中除外。

（3）基线（GL）：基线是基面与画面的交线。当基线在画面上时用 GL 表示，在基面上时用 PL 表示，它们分别表示积聚的基面（GL）和画面的位置（PL）。

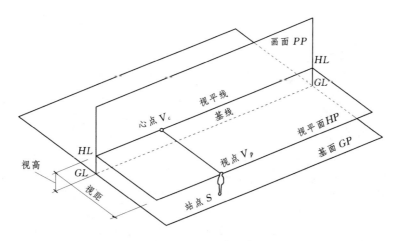

图 4-6 透视图常用术语

（4）视点（V_p）：视点是人眼所处的空间位置，也是视线的投影中心。

（5）视平面（HP）：视平面是过视点所作的平面。视平面与画面无论在什么情况下都互相垂直。

（6）视平线（HL）：是在画面 PP 上过心点 V_c 的一条水平线，实际上也是从视点 V_p 引出所有水平视线与画面 PP 交点的轨迹。它平行于基线 GL，与基线 GL 间的距离即反映了视高。

（7）心点（V_c）：心点是视点在画面上的正投影，因此该点必定落在视平线上。心点与视点相连所成的视线称为主视线。

（8）站点（S）：站点是观者的站立位置，也是视点 V_p 在水平面上的正投影。

（9）基点（基透视）：空间中任一点在基面上的正投影，称为空间点的基点；基点的透视称为基透视或次透视。

（10）迹点（T）：不与画面平行的空间直线与画面的交点。在讲述透视作图原理时均用 T 表示。

（11）灭点（F）：灭点是直线上离画面无穷远的点的透视，与画面平行的直线没有灭点。

此外，从视点 V_p 到基面 GP 的距离称为视高，当画面为铅垂面时，视平线 HL 与基线 GL 的距离就是视高。从视点 V_p 到画面 PP 的垂直距离称为视距，即心点 V_c 和视点 V_p 连线的长度。

五、透视种类

在直角坐标系中，根据物体的长、宽、高 3 个方向的主要轮廓线相对画面的位置，透视种类可分为以下 3 种。

（一）一点透视（平行透视）

如图 4-7（a）所示，物体的一个立面与画面平行，即 X、Z 坐标与画面平行，Y 坐标与画面相交，称一点透视（或平行透视）。一点透视适用于表现较大且对称的景物，如门廊、入口或室内透视，显得端庄稳重，透视效果如图 4-7（b）所示。

（二）两点透视（成角透视）

如图 4-8（a）所示，物体的相邻两个立面与画面相交，即 Z 坐标与画面平行，X、Y 坐标与画面相交，称两点透视（或成角透视）。两点透视是常用的一种类型，用于表现建筑特征及园林场景，其效果如图 4-8（b）所示。

（三）三点透视（倾斜透视）

如图 4-9 所示，使画面与基面倾斜，物体的 X、Y、Z 三个坐标方向均与画面倾斜，称三点透视（或倾斜透视）。它适用于表现高大雄伟的建筑及视野较大的透视鸟瞰。

在这三种透视图中，一点透视和两点透视应用最多，三点透视因作图复杂，很少采用。本章只介绍一点透视和两点透视作图的基本知识。

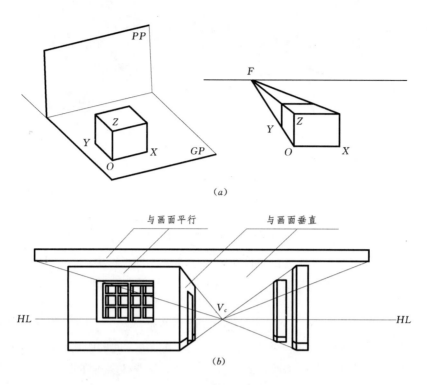

(a)

与画面平行　　　　与画面垂直

HL　　　　　　　　　　　　　V_c　　　　　　　　　HL

(b)

图 4 - 7　一点透视及其效果

(a) 一点透视；(b) 一点透视效果

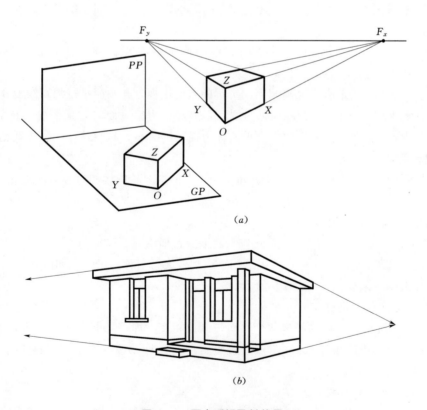

(a)

(b)

图 4 - 8　两点透视及其效果

(a) 两点透视；(b) 两点透视效果

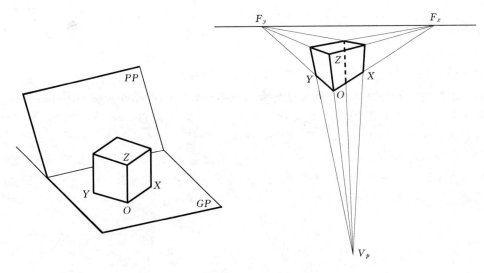

图 4-9 三点透视

第二节 透 视 规 律

一、灭点

直线上距画面无限远的点的透视称为直线的灭点。

如图 4-10 所示，设在基面 GP 上画面 PP 后有一直线 AB。

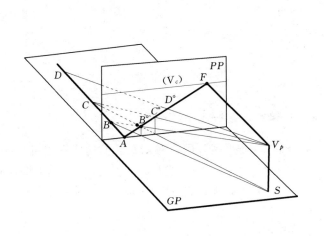
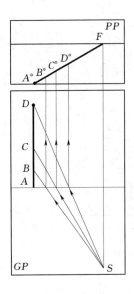

图 4-10 灭点的原理

直线 AB 的透视求法：

先求 A 点透视 $A°$：由于 A 点正在基线上，也即在画面上，所以 A 点的透视 $A°$ 和 A 点本身重合。

再求 B 点透视 $B°$：视线 V_pB 与画面的交点就是 $B°$。运用直线与平面相交求交点的方法即可求得 $B°$。

连 $A°B°$ 即为 AB 的透视，直线的透视一般还是直线。

如果将直线 AB 延伸至 C，$C°$ 必然也在 $A°B°$ 的延长线上；再继续延伸至 D，$D°$ 也一样在 $A°B°$ 的延长线上。不难看出，随着直线的无限延伸终端点离画面越远，其与视点相连的视线与基面倾角愈小，点的透视在画面上也不断上升。由此，直线无限远的端点，视点与其相连的视线就与直线无限平行。现 AB 直线设为垂直于画面，那么与它平行的视线就是中心视线，中心视线与画面的交点就是直线 AB 无限远端点的透视，这里正好也就是心点 V_c。我们称直线无限远端点的透视就是灭点，或叫消失点。灭点的作法就是过视点作已知直线的平行线，与画面相交即可。显然，$A^\circ F$ 是 AB 直线的透视全长线，也可叫作透视方向线。

（一）推论一

除了与画面平行的直线外，平行直线的透视必交于同一灭点。

如图 4-11 所示，如再有一条直线 CD 与直线 AB 平行，两直线都与画面 PP 垂直且在基面上。直线 AB 的灭点如上所述即由 V_p 作与之平行的视线与画面相交即得；现 $CD /\!/ AB$，平行于 CD 的视线仍然是这条中心视线，因此，V_c 是所有垂直于画面的直线的透视的灭点。

图 4-11 中直线在基面上且垂直于基线是平行于基面的直线的特例，与之平行的视线必然平行于基面，也即在视平面内，所以，平行于基面的直线的灭点必然在视平线 HL 上。不与基面平行的空间直线称为斜线，斜线灭点的求法将在后面"斜线灭点"中介绍。

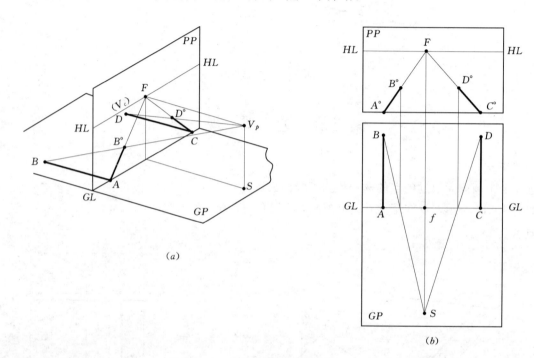

图 4-11 平行直线共一灭点

图 4-11（a）是透视直观图，图 4-11（b）是透视展开图，我们在后面的作图中将直接采用透视展开图。透视展开图的作法：画面 PP 不动，将基面 GP 绕基线 GL 向下旋转 90°，再将两面分开。灭点下的求法由站点 S 求得。过 S 作 $Sf /\!/ AB$、$Sf /\!/ CD$ 并交 GL 于 f，由 f 向 HL 作垂线即得灭点 F。

（二）推论二

与画面平行的直线没有灭点。

当直线平行于画面时，它的透视就没有灭点。如图 4-12 所示，直线 AB 平行于画面，其透视线 $A^\circ B^\circ /\!/ AB$。

AB 透视线段的求法转化为求直线 Aa、Bb 的透视线段，即 $A^\circ a$ 和 $B^\circ b$，然后连接 $A^\circ B^\circ$ 即可。

图 4-12（a）是透视直观图，图 4-12（b）是透视展开图，并过一点进行了简化，将 GP 面与 PP 面的外框线均去除。

二、迹点

不与画面平行的空间直线与画面的交点称为直线的画面迹点，常用字母 T 表示。迹点的透视 T° 即其本身。其基透视 t° 在基线上。T 在直线上直线的透视必然通过直线的画面迹点透视（即迹点 T 本身）T°；直线的基透视也必然通过迹点的基透视 t°。

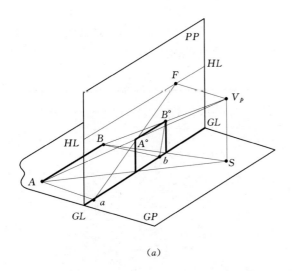

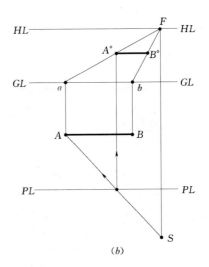

(a)　　　　　　　　　　　　　　　　　(b)

图 4 - 12　与画面平行的直线没有灭点

如图 4 - 13 所示，直线 AB 延长后与画面 PP 相交于 T，T 即直线 AB 在画面 PP 上的迹点，透视 T° 为本身。直线 AB 的透视 $A^{\circ}B^{\circ}$ 延长会通过 T，$a^{\circ}b^{\circ}$ 延长通过 t°。

三、各种位置点的透视画法

（一）点的透视规律

点的透视与其基透视的连线必位于同一条铅垂线上。

如图 4 - 14（a）所示，由于 Aa 是一铅垂线，则过 Aa 的视平面 V_pAa 必是一铅垂面，因此 V_pAa 与画面的交线 $A^{\circ}a^{\circ}$ 必是一条铅垂线。

如图 4 - 14（b）是将图 4 - 14（a）展开到一个平面上得到的。

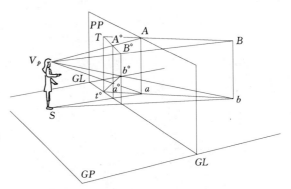

图 4 - 13　直线的迹点

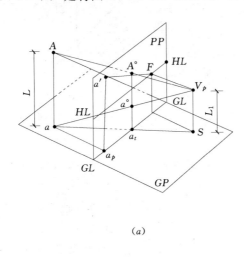

(a)

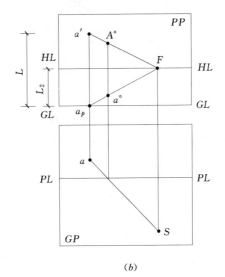

(b)

点的透视与基透视的连线必位于同一条铅垂线上

a' 为 A 在画面上的投影

a 为 A 在基面上的投影

a_t 为站点 S 与基点 am 连线与画面（或线）的交点，或视线 V_pA 与画面的交点在基面上的投影

a_p 为 a' 在基面上的投影或 a 在画面上的投影

图 4 - 14　直线的透视规律

（二）画面上点的透视

在画面上的点，透视是其本身，其基透视是基点，必在基线上，如图 4 - 15 所示。此时，点的透视高度（$A°a°$）等于空间点的高度，通常这种在画面上的垂直线称为真高线。

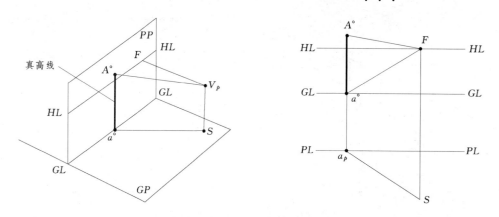

图 4 - 15　画面上点的透视

（三）基面上点的透视

在基面上的点，点的透视与基透视吻合，透视高度为零。如图 4 - 16 所示。求法如图 4 - 12 所示，利用过该点所作垂直于画面的辅助直线，画出该直线的全长透视，在线的透视上找到基面上点的透视。

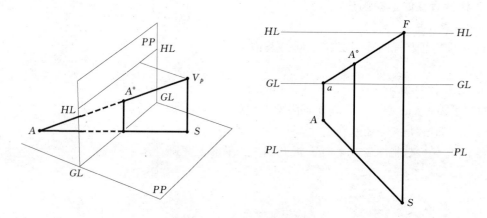

图 4 - 16　基面上点的透视

（四）画面后空间中点的透视

在画面后空中的一点，点的透视高度小于点的空间高度，如图 4 - 17 所示。已知 A 的水平投影 a（在基面上），以及高度，用 A 在画面上的正投影 a' 表示。

求法如图，先按前法求出 A 点在基面上的正投影 a 的透视 $a°$，a 即基点，$a°$ 即基透视，或叫次透视。

从图中可看出，只要把 Aa' 的透视求出来就可得 $A°$。a' 是直线 Aa' 的画面迹点，直线 Aa' 的灭点即 F（也即心点 V_c），故连接 Fa' 即为 Aa' 线的全长透视。$A°$ 必在透视全长线 Fa' 上，同时也在过 $a°$ 的铅垂线上（可从两铅垂面 PP 和 $\triangle V_pAa$ 相交为铅垂线知道），由此，两线相交即得 $A°$，$A°a°$ 实际上就是直线 Aa 的透视。$a'a_p$ 为 A 的实际高度，$A°a°$ 为 A 的透视高度。

（五）画面前空间中点的透视

在画面前空中一点，点的透视高度大于点的空间高度，见图 4 - 18 所示 B 点。求法与前相似，连 sb 并延长至画面基线，过此交点作 GL 垂线。$B°$ 和 $b°$ 都将在此线上。连 Fb_p 延长至此线得 B 点的基透视 $b°$，连 Fb' 并延长至此线得交点 $B°$，即为 B 点的透视。显然 $b'b_p$ 是 B 的实际高度，$B°b°$ 是 B 的透视高度。

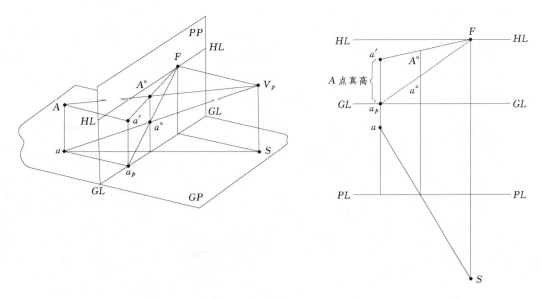

图 4－17　画面后空间中点的透视

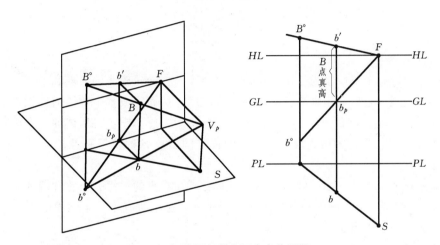

图 4－18　画面前空间中点的透视

第三节　透视图的作法

一、一点透视

（一）视线法

所谓视线法即利用视线的水平投影来确定点的透视的作图方法。

1. 视线法作图原理

视线法作图原理就是中心投影法，即过投影中心 V_p 作一系列视线（投影线）与实物上各点相连，这些视线与画面（投影面）相交，得到各投影点，将各投影点顺次相连而成的图形就是该物体的透视图。

如图 4－19（a）所示，假如地面上有一点 A，现用视线法求它的透视。首先连视点 V_p 与 A 得视线 V_pA，与画面 PP 交于 A' 点，A' 即为 A 点的透视 $A°$。对此，可以这样分析：由于 A 在地平面上，则其水平投影与 A 重合，连 SA 与基线 GL 相交得 $a°$，由于 V_pS 垂直于地平面，则 $\triangle V_pSA$ 为垂直于地平面的三角形平面。画面 PP 也垂直于地平面，因此，$\triangle V_pSA$ 与画面的交线 $A°a°$ 也垂直于地平面，即 $A°a°$ 垂直于基线 GL。现将主视点 V_c（即灭点 F）和 A 在画面上的正投影 a 相连，这 V_ca 实际上就是 V_pA 在画面上的正投影，也就是 Aa 的全长透视线，因此，两线交点必是同一点，即 $A°$ 点。

由此，我们就可以作图了。

如图 4-19（b）所示，我们将画面和地平面分开对齐画出，已知视高（即画面上视平线 HL 与基线 GL 的距离）、S 的位置与视距（即地平面上 S 到画面的水平投影 GL 的距离）及 A 点的位置。在地平面上连 SA 与 GL 相交得 a° 点，在画面上连 V_c 和 a，由 a° 向上作垂线与 V_c a 相交得 A° 点，A° 点即为 A 的透视。

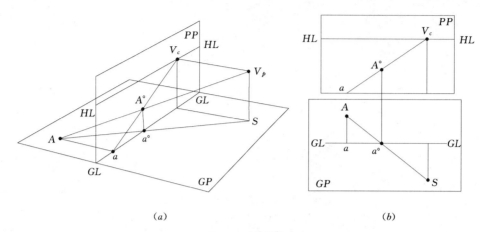

（a）   （b）

图 4-19　视线法求基面上点的透视

2. 视线法作一点透视方法

用视线法作透视图，可以归结为三步：首先求作物体的方向轮廓线的灭点和迹点，再利用灭点和迹点求出物体的基透视，最后利用真高线画出各部分高度，从而完成整个物体的透视作图。

设有一物体，将其放于画面后，并与画面平行放置，为方便作图，将形体的一个面靠紧画面，如图 4-20（a）所示。已知形体的两面投影、视点位置（即站点 S 的位置）及视高（即在画面上表现为 HL 与 GL 的距离）。

第一步：求灭点。该形体一面与画面平行，只有与画面垂直的一组方向轮廓线才有一个灭点，所以为一点透视。过站点 S 作 27 线的平行线交 HL 线于 F，这是所有垂直于画面的直线的灭点，也是主视线与画面的交点即主视点 V_c。

第二步：绘制形体的基透视。形体 1、2、3、4 点的透视 1°、2°、3°、4° 为其本身，连 F4°、F3°，这就是 45、36 线的全长透视线。见图 4-20（b）。在水平投影上连 S5、S6，与基线相交得 a、b，过 a、b 向上作垂线与 F4°、F3° 相交于 5°、6°，即分别得到 45、36 的透视 4°5°、3°6°。或根据平行线投

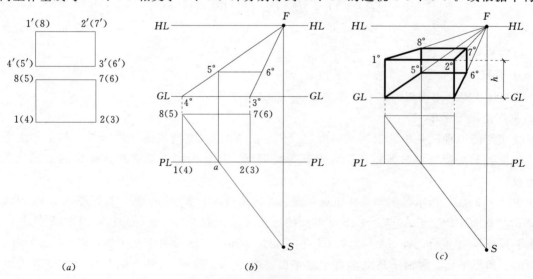

（a）   （b）   （c）

图 4-20　视线法作平行透视

（a）已知两面投影；（b）作基透视；（c）作高度透视

影线仍然平行的原理，求出 5° 后，过 5° 作 3°4° 的平行线，与 F3° 相交得 6° 点。这样就完成了形体底面 3456 的透视图 3°4°5°6°，即形体的基透视。

第三步：绘制形体的高度透视。由于该形体一面紧靠画面，该面的透视即其本身，也就是该形体的真高。根据灭点的原理，过 1° 与 F 相连，由 5° 点向上引垂线，交 F1° 于 8° 点；连接 F2°，过 8° 向右作水平线，过 6° 向上作垂线，这 3 条线共交于一点 7°。由此即可得形体的透视图。如图 4—20 (c) 所示。

从以上作图中可以看到，画面和地面的外框在作图中是不起作用的。因此，在实际作图中，一般可以直接在已知形体的水平投影上求作，集中把形体上有关各点的透视位置一起求得，再结合各部分的高度绘制出透视图。

（二）量点法（距点法）

所谓量点法就是利用量点求作透视长度的作图方法。对于有些景物，其基透视用量点法求作更为方便。

1. 量点法作图原理

如图 4—21 (a) 所示，基面上有直线 AB。首先延长 AB 求得 AB 的画面迹点 T，过视点 V_p 作 AB 的平行线与视平线相交得 AB 的灭点 F，连 FT 即为 AB 的透视方向线，AB 透视 A°B° 必在该透视方向线上。在基线上找一点 A'，使 TA=TA'，连接辅助线 AA'，并求得 AA' 的灭点 M，连 MA'，为辅助线 AA' 的透视方向，AA' 的透视必在该透视方向线上。因此，对于 A 点的透视 A°，它既在 TF 上，又在 MA' 上，那么它必在这两条直线的交点上，所以两透视方向线的交点 A° 即为 A 点的透视。图中 M 点称为量点。

我们可以利用量点来求直线的透视长度。如图 4—21 (b) 所示，求 AB 透视。在基面上延长 AB 与基线交于迹点 T，在基线上分别量取 TA=TA'，TB=TB'。然后过点 T、A'、B' 作垂线与画面上基线相交，连 TF 即为 AB 的透视方向。作 A'M、B'M 线与 TF 相交即分别为 A、B 点的透视 A°、B°，从而求得 AB 的透视 A°B°。

实际作图中量点如何求作呢？从图 4—21 (a) 中可知，△ATA' 是等腰三角形，TA=TA'。而在 △V_pFM 中，因为 V_pF//TB，V_pM//AA'，在视平线上的 MF 平行于基线上的 TA'，所以 △ATA' 和 △V_pFM 是相似三角形，因此 △V_pFM 也是等腰三角形，V_pF=MF。

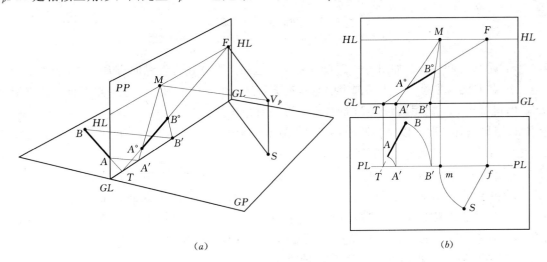

图 4—21　量点法作图
(a) 量点法原理直观图；(b) 量点法原理展开图

通过以上分析可知，灭点 F 到量点的距离等于到视点 S 的距离。因此，在实际绘图中，量点 M 的求法很方便。只要在视平线上过灭点 F 量取长度为视点到灭点的距离处即为量点 M。

进一步分析可知，在平行透视中，量点与灭点的距离恰好就是视距。所以，平行透视中的量点通常称为距点，利用它来作图也就是距点法。

2. 量点法（距点法）作一点透视方法

如图 4—22 (a) 所示，有一正方形置于画面后的基面上，AB 边在画面上。

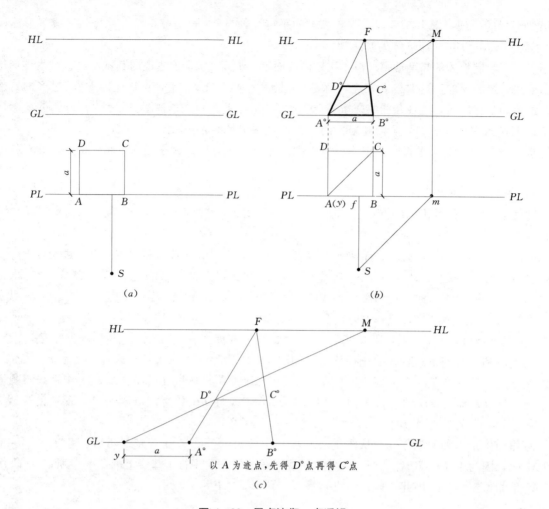

以A为迹点，先得D°点再得C°点

(c)

图 4-22 量点法作一点透视

(a) 已知条件；(b) 量点法作图（一）；(c) 量点法作图（二）

第一步：求灭点和量点。如图 4-22 (b) 所示，过站点 S 作正方形纵向边 BC 的平行线交 PP 线于 f，这是灭点 F 的水平投影，由 f 向上引垂线交 HL 线于 F，即为灭点；过灭点 F 向一侧量取距离等于 fS，即得量点 M。这里的量点 M 恰是正方形一对角线的灭点。

量点 M 也可这样获取：以 f 为圆心，以 fS 为半径画弧，交画面基线 GL 于 m，这就是量点 M 的水平投影。由 m 向上引垂线交视平线 HL 于 M，即得量点。

第二步：绘制正方形的透视。正方形的 AB 边透视 A°B° 是其本身。在透视投影图中，自 B 点向左量取正方形的纵向深度 y，由于是正方形，故与 A 点重合（也可自 A 点向左量取纵向深度 y）。连接 B°F，得 BF 边的透视方向线；连接 yM（即 A°M）交 B°F 于 C°点，即得正方形 C 点的透视。过 C°作水平线，连接 A°F，两线相交于 D°点，即得正方形 D 点的透视。

顺次连接 A°B°C°D°，即得正方形 ABCD 的透视图。

或者，如图 4-22 (c) 所示，以 A 为迹点，用量点法求该矩形的一点透视。

二、两点透视

（一）视线法

设有一立方体，将其放于画面后，并与画面倾斜一定角度。为了方便作图，将立方体的一棱边紧靠画面，如图 4-23 (a) 所示。图 4-23 (b) 为其水平投影。已知视点位置、视高。

第一步：求灭点。

首先求该物体宽向与深向两组平行线的灭点。在水平投影上先求得灭点的水平投影 f_x、f_y，即过站点 S 作两组水平线的平行线，交基线 GL 于 f_x、f_y。由于这两组水平线均平行于地平面，所以它们的灭点都应在视平线上。由此，自 f_x、f_y 向上各画垂直线交视平线 HL 得灭点 F_x 和 F_y。如图 4-23 (b) 所示。

　　第二步：绘制形体的基透视。

　　由于该立方体一棱紧靠画面，靠画面棱线底部 A 点的透视就是其本身，这样利用灭点就可以画出 $A°F_x$ 和 $A°F_y$，这就是 AB 和 AD 两直线的全长透视，如图 4-23 (c) 所示。在水平投影上连 Sb 和 Sd，与基线 GL 相交得 b' 和 d'，过 b' 和 d' 分别向上作垂线与 $A°F_x$ 相交于 $B°$，与 $A°F_y$ 相交于 $D°$，即分别得到 AB 和 AD 的透视 $A°B°$ 和 $A°D°$。再利用平行线的透视交于同一灭点的原理，过 $B°D°$ 分别与相应的灭点相连，相交得 $C°$。这样就完成了立方体底面 $ABCD$ 的透视 $A°B°C°D°$，即立方体的基透视。

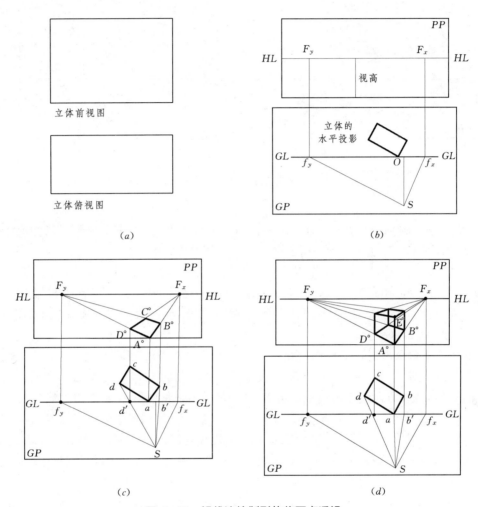

图 4-23　视线法绘制形体的两点透视

(a) 形体的两面投影图；(b) 视线法作形体透视的透视参数；(c) 视线法求立体
的基透视；(d) 利用真高线求立体的高度透视

　　第三步：绘制形体的高度透视。

　　接着在基透视的基础上绘制立方体的高度。由于立方体的棱边 AE 紧靠画面，故 AE 的透视与本身重合，即 $A°E°$ 为其真高。根据灭点的原理，过 $E°$ 点分与 F_x 和 F_y 相连，即可求出立方体的透视图，如图 4-23 (d) 所示。

　　这里还需特别指出：如果基面上的立方体不与画面相接触，那么其透视求法就需要利用迹点。如图 4-24 (a) 所示，作 da 延长线交基线于迹点 t，将迹点 t 转绘到画面上为 T。在画面上，连 TF_y 即为 DA 的透视方向。连接 Sa 与 GL 相交，过该交点向上作垂线，与 TF_y 相交，其交点即为 A 的透视 $A°$。像这样利用迹点来求透视的方法称为迹点法。

　　由于立方体不与画面相靠，在画面上没有真高线。因此，立方体的高度要用量高线来求得。如图 4-24 (b) 所示，在画面上过迹点 T 作垂线，并量取 AE 的真实高度，即得量高线 TT_h。AE 的透视高度便可据透视规律求得。通常在作透视时，为了避免量高线与图线相混，可在远离图线处任选一位置，作一集中量高线，具体作法如下：连接 T_hF_y，与过 $A°$ 的垂直线相交，交点即 E 点透视 $E°$，T_hF_y 是 AE 的真实高度，$A°E°$ 是 AE 的透视高线。再根据透视规律并利用基透视及灭点求得物体的透视高度。

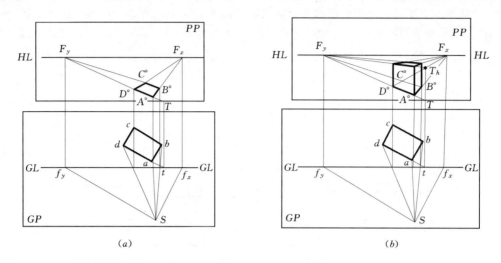

(a) (b)

图 4 - 24 不与画面相交的物体的透视图作法

（二）量点法

设有一形体，置于画面后，并与画面倾斜一定角度，形体的一条棱紧靠画面。已知形体的三面投影、视点位置，如图 4 - 25 (a) 所示。用量点法绘制该形体的成角透视。

量点法作成角透视，首先要求出不同方向直线的灭点的水平投影 f_x 和 f_y，如图 4 - 25 (b) 所示。再以 f_x 为圆心，f_xS 为半径画弧，交画面基线 GL 于 m_x，这就是量点 M_x 的水平投影，用来量取以 F_x 为灭点这一方向直线上的尺寸；同样方法以 f_y 为圆心，f_yS 为半径画弧，画弧交 GL 于 m_y，为另一方向直线的量点 M_y 的水平投影。

灭点、量点的位置求出后，就可作透视图了。如图 4 - 25 (c) 所示，绘视平线，确定各灭点、量点于视平线上，分别为 F_y、M_x、M_y、F_x。在基线上，从形体与画面的交点 O 开始，连接 OF_x、OF_y 为两个方向直线透视方向线。在 O 点右边 F_x 方向基线上，量取形体 X 方向边线实长 l_1、l_2、l_3，分别得点 L_1、L_2、L_3，连 L_1M_x、L_2M_x、L_3M_x 与 OF_x 相交，就得到相应的透视点。同样，在另一方向上，自 O 点左边 F_y 方向的基线上，量取形体 Y 方向边线实长 l_4、l_5，分别得点 L_4、L_5，连 L_4M_y、L_5M_y 分别与 OF_y 相交，得另一方向的透视点。将得到的点顺次连接，就可以得到形体的基透视了。

再利用真高线来确定各点相应高度，从而完成形体的透视作图，如图 4 - 25 (d) 所示。

值得注意的是：用量点法作图时，基面上的直线在画面前后两部分的实长应分别量在迹点的两侧。任何一段直线的透视都应从该直线的画面迹点量起，并用与该直线的灭点相对应的量点来求透视。如图 4 - 26 (a) 所示。相互平行的直线可用相同的量点，但迹点位置不同，起量位置也不同。不平行的直线应分别求出它们的灭点和量点，同一个灭点方向的点应与相应的量点相连，作图时切忌不要乱连迹点和量点，如图 4 - 26 (b) 所示。

三、形体透视高度的确定

形体的透视高度一般是用真高线来求取。

如图 4 - 27 所示，已知形体的两面投影图及视点位置、视高。求作形体的透视图。

作图步骤：

（1）利用视线法，确定灭点，作基透视（即底面矩形的透视）$a°$、$b°$、$c°$、$d°$。

（2）确定透视高度。由于 A 点在画面上，A 的高度反映其真实高度，即为真高线。量取 $A°a°$ 等于形体的高度 H_1，得到上顶面的 $A°$ 点。

（3）由 $A°$ 点作出上顶面的透视，即求得 B、C、D 点的透视高度 $B°$、$C°$、$D°$（由 $A°$ 与两个灭点

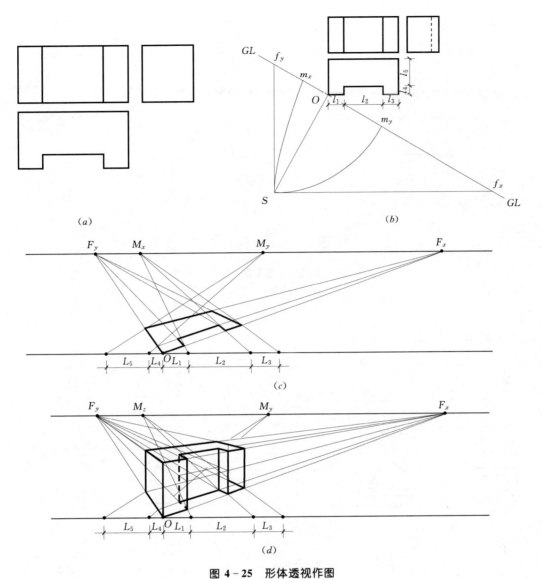

图 4-25　形体透视作图

(a) 已知形体的三面投影；(b) 透视参数的确定；(c) 绘制形体的
基透视；(d) 绘制形体的高度透视

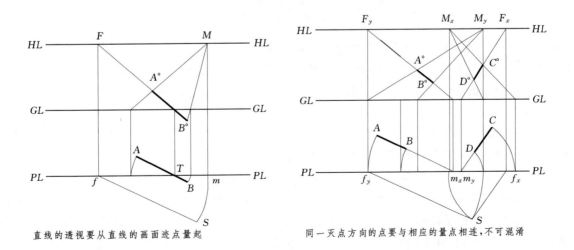

直线的透视要从直线的画面迹点量起　　　　同一灭点方向的点要与相应的量点相连，不可混淆

图 4-26　量点法透视作图

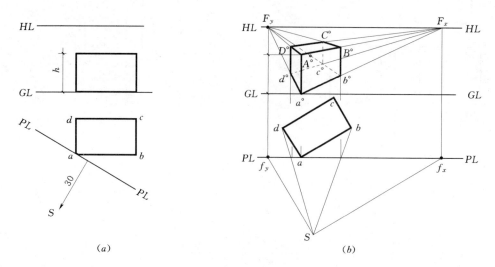

图 4-27　真高线法绘制形体的高度透视

(a) 已知形体的三面投影；(b) 利用真高线作图

相连获取)。

(4) 加深形体外轮廓线，完成作图。

又如图 4-28 所示。已知组合体的两面投影、视高、视点位置，求作形体的透视图。

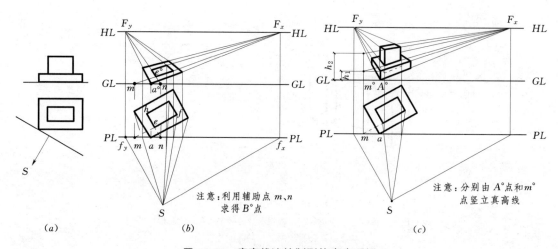

图 4-28　真高线法绘制形体高度透视

(a) 已知三面投影；(b) 绘制形体的基透视；(c) 绘制形体的高度透视

分析：该组合体由上下两个长方体组合而成，下面大长方体的真高线可直接利用，上面小长方无可直接利用真高线。可延长上面小长方体的底边 ba，使之与画面相交于 m，则利用 m° 的高度作为真高线，可求得上面的小长方体的透视高度。

作图略。

对于较复杂的形体，为了避免每确定一个点的透视高度都要画一条真高线，可集中利用一条真高线确定图中任意一位置的透视高度，这样的一条真高线称为集中量高线。

集中量高线的原理：空间等高各点，若与画面距离相等，则它们的透视高度相等，所以可以集中在一起求得透视高度后平移至透视图中。如图 4-29 所示，在画面上任取一集中量高线 $A°a°$ 等于 h_1。设空间点 B、C 的高度也是 h_1，则从 $b°$、$c°$ 作水平线，交 $a°F$ 于 b'、c'，再由 b'、c' 向上作垂线交 $A°F$ 于 B'、C'，再从 B'、C' 作水平线，交过 $b°$、$c°$ 的铅垂线于 $B°$、$C°$，即得 B、C 点的透视高度。同样道理，可以求得真实高度为 h_2 的 D 点的透视高度。

如图 4-30 (a)、(b) 所示，已知组合体的两面投影、形体的高度、视点位置、视高、画面位

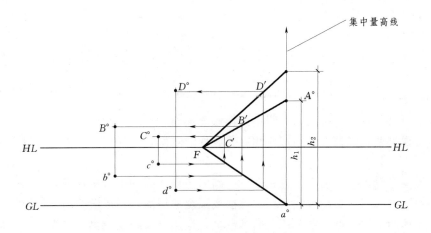

图 4 - 29　集中量高线作图原理

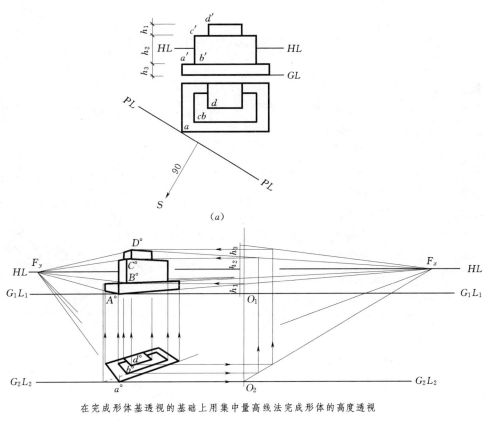

(a)

在完成形体基透视的基础上用集中量高线法完成形体的高度透视

(b)

图 4 - 30　运用集中量高线法作形体两点透视图

(a) 已知形体的两面投影及透视参数；(b) 绘制形体的两点透视

置，绘制其透视图。

分析：该组合体由上下 3 个基本形体长方体组成，且 3 个长方体距离画面不等，故宜用集中量高线法来求取透视高度。

作图步骤：

(1) 选用视线法，确定两个灭点。为了利于作图，可在降低的基线 G_2L_2 上完成组合体的基透视（抑或用量点法完成）。

(2) 如图，在适当空隙处画一垂线作为集中量高线，分别交 G_1L_1、G_2L_2 于 O_1、O_2 点，自 G_1L_1

上 O_1 起，量形体上所需画的各段真高，如 h_1、h_2、h_3 等。在视平线上取离集中量高线不远的一灭点 F_x，自 F_x 连集中量高线上各点。在基透视上，由需定透视高度的各点，如 d'，引水平线至 F_xO_2 线得到 $4'$ 点，由此点向上作垂线，交 F_x 与 D 真高点的连线上得 4 点，即为 D 点的透视高度。再由 4 点向左平移，与过 d' 的垂直线相交，即可求得 $D°$ 点。$B°$、$C°$ 点的求法一样。

四、小结

形体无论如何复杂。都可遵循以下的步骤作其透视图：

（1）选择透视类型：根据形体的特征和需要表现的效果，选择透视图的种类（即绘制一点透视还是两点透视）。

（2）确定透视参数：包括视点位置、视高、画面与形体间的相对位置等等。

（3）选择作图方法：即选择视线法、量点法或距点法作图，完成形体的基透视。

（4）确定形体的透视高度：在基透视的基础上，运用真高线法或集中量高法确定形体各个点的透视高度，完成形体主要轮廓的透视。

（5）深化细部：在以上透视图的基础上作形体细部的透视。

（6）加深图线，完成作图。

第四节　斜线灭点和平面灭线

一、斜线灭点

不与基面（地面）平行的空间直线称为斜线，如坡屋顶、台阶、坡道等。它们的灭点不再落在视平线 HL 上，这类斜线的透视可利用斜线灭点法来求。

（一）斜线灭点的原理

这里的斜线相当于正投影体系中的一般位置直线。求它的灭点，同样过视点 V_p 作直线平行于该斜线，与画面相交的点即为斜线的灭点，如图 4-31 中所示的 F_3。在画面中求斜线灭点的方法如下，以 F_3F_1 为轴，旋转 V_p 点至画面上，所得点正是 F_1 方向直线的量点 M_1；画面上的 $\triangle M_1F_3F_1$ 与空间 $\triangle V_pF_3F_1$ 全同，所以 M_1F_3 与 HL 的倾角就是斜线 AB 与基面的倾角 α；因此，F_3 可以看作是这样求出的——过 M_1 作与 HL 倾角为 α 的直线，与过 F_1 的铅垂线相交，交点即是。

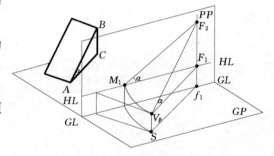

图 4-31　斜线灭点的原理

（二）斜线灭点的应用

如图 4-32 所示就是斜线灭点在作图中的应用举例。

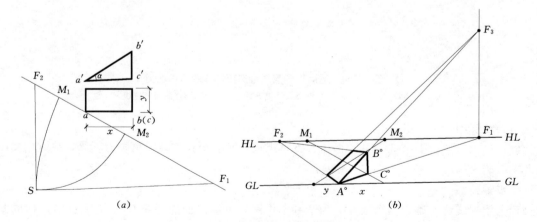

图 4-32　用斜线灭点法绘制形体透视

(a) 已知条件；(b) 斜线灭点法的运用

作图步骤：

（1）根据形体的水平投影确定形体水平线的灭点 F_1、F_2，量点 M_1、M_2；过 M_1 作与 HL 倾角为 α 的斜线，与过 F_1 的铅垂线相交，求得 AB 的斜线灭点 F_3。

（2）利用迹点 A、灭点 F_1、F_2、量点 M_1、M_2 作出形体的基透视。

（3）连接 $A^\circ F_3$，与过 C° 的铅垂线相交，得到 B 点的透视 B°。

（4）同样道理，即可得到形体的完整透视。

如图 4-33 所示，是应用斜线灭点画两坡顶房屋的例子，注意斜线灭点的求法。

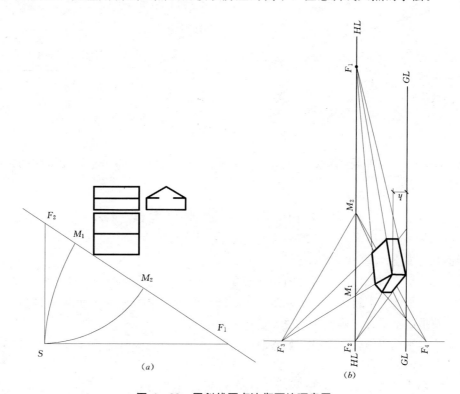

图 4-33　用斜线灭点法作两坡顶房屋

（a）已知形体的两面投影及透视参数；（b）用斜线灭点法作形体透视

二、平面灭线

（一）平面灭线的原理

如图 4-34 所示，形体置于画面后，形体上的 Q 面相当于画面的斜面。过视点 V_p 作平面平行于 Q 面，所作的平面与画面的相交线就是 Q 面的平面灭线。$V_p F_2 /\!/ AD$，$V_p F_3 /\!/ AB$，F_2、F_3 就是 Q 面上两条直线的灭点，连接这两个灭点的直线就是过 V_p 所作平行于 Q 面的平面与画面的交线，即 Q 面的灭线。

图 4-35 指出了两坡顶房屋在成角透视中的各平面灭线（即各表面的灭线），从图中可

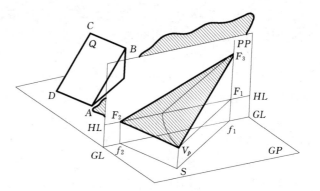

图 4-34　平面灭线的原理

看出铅垂面（房屋各立面）的灭线仍为垂直线，而所有平行于基面的平面的灭线是视平线。

（二）平面灭线的应用

从平面灭线的概念可知，平面上所有直线的灭点必将都在该平面的灭线上（图 4-34），因此两平面交线的灭点必在两平面灭线的交点上，如图 4-36 所示，屋面 A 的灭线是 $F_1 F_3$，屋面 B 的灭线是 $F_2 F_5$，这两条灭线的交点 F_7 就是两屋面 A 和 B 交线的灭点。

掌握这一原理，对于画两一般位置的平面的交线透视十分有用。

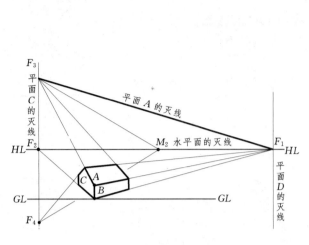

图 4-35 各种平面的灭线

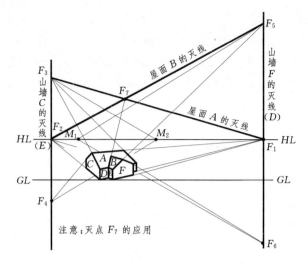

图 4-36 平面灭线的应用

第五节 圆和平面曲线的透视画法

一、平面曲线的透视画法

平面曲线所在平面与画面的位置不同，其透视各不相同。通常在画面上的平面曲线，透视是其本身。平面曲线所在平面若平行画面，透视是该曲线的类似形。曲线所在平面若通过视点，透视是一段直线。曲线所在平面不平行于画面时，透视形状将发生变化。

园林制图中，平面曲线较为常见，如弯曲的道路、水池和花坛等。其透视可用透视网格的方法求作，如图 4-37 所示。

（1）在平面图上建立合适的方格网，方格单位边长的大小应以能作出相对准确和肯定的曲线为准。当图形复杂时，方格单位边长可小些。

（2）作出方格网的一点或两点透视，透视网格的详细作图方法可参考第四章部分。

（3）将平面图中曲线与方格网的交点定到相应的透视网络中去，并按照平面图中曲线的走向，将各点连接成光滑的曲线。

又如图 4-38 所示某园林场景，采用透视网格法求作其透视图。

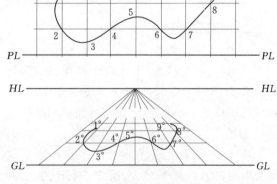

图 4-37 用网格透视作曲线透视

二、圆的透视画法

圆周平面与画面的位置不同，其透视也各不相同。这里只介绍与画面平行圆、水平圆、垂直圆的透视作法。

（一）平行圆的透视

当圆周平面在画面上时，其透视为其实形。当圆周平面平行于画面时，其透视仍为圆，但直径大小改变。作圆周平面平行画面的透视，如图 4-39 所示，一要确定半径的透视长度，二要确定圆心的位置。设圆与基面相切，在基线上定出切点 A，然后向上作垂线，据圆的半径求得圆心 O。过圆心作其透视方向线，并据圆周离画面的距离用量点法求作圆心的透视 O° 及透视半径，从而完成圆周平面平行画面的圆的透视。

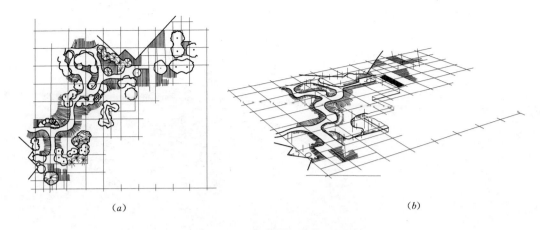

图 4-38 网格法绘制园景透视图

（a）已知园景平面；（b）绘制完成的园景透视图

（二）水平圆的透视

圆周平面不平行画面时，常用八点法来求作圆的透视。所谓八点法，就是利用圆周的外切正方形的切点及其对角线与圆的交点，共计 8 个点，先作这些交点的透视，然后用光滑的曲线将其连接起来就可作出圆的透视。

如图 4-40 所示为水平圆的一点透视作法。

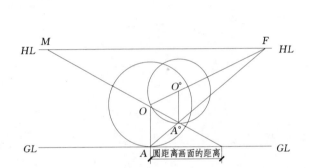

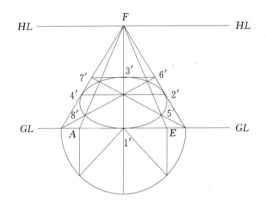

图 4-39 平行于画面的圆的透视画法   **图 4-40 水平圆的一点透视作法**

（1）求作圆的外切正方形的透视及正方形对角线和中线的透视。（中线透视与正方形透视的交点即为圆与正方形四个切点的透视。）

（2）在基线上，以紧靠画面正方形的边为直径作一辅助半圆。然后过辅助半圆的圆心作两条 45°线与半圆相交，过交点向上引垂线与基线相交于 A、E，再分别过 A、E 作透视方向线与对角线相交，其交点即为对角线与圆相交的 4 个交点的透视。

（3）将 4 个切点和 4 个交点的透视点用光滑曲线连接起来即为圆的透视。

图 4-41 所示为水平圆的两点透视作法。

水平圆的两点透视作法与水平圆的一点透视作法原理一样。

（1）作外切正方形的透视。设 4 点为外切正方形的画面迹点，向左右两边分别量取外切正方形的边长，得到 1、5 两点。连接 $4F_1$、$4F_2$，分别与 $1M_1$、$5M_2$ 相交得到外切正方形的另两个角点，过这两个角点点分别 F_2、F_1 相连，得到外切正方形的第四个角点。从而完成外切正方形的透视。

（2）作外切正方形的四个切点。利用量点法，在 4 点左右两侧分别量得外切正方形的边长中点得 O_1、O_2。连接 O_1M_1、O_2M_2，分别与 $4F_1$、$4F_2$ 相交得到外切正方形的两个切点的透视。过这两个切点透视分别与 F_2、F_1 相连，连线与外切正方形的另两个透视边相交，交点就是外切正方形的另两个切点的透视。

· **91** ·

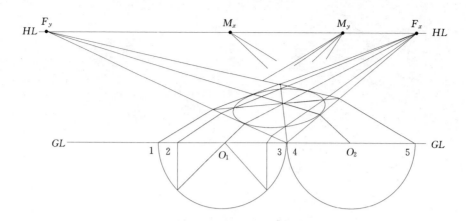

图 4-41　水平圆的两点透视作法

（3）作对角线与圆的 4 个交点。过 O_1 点作两条 45°线与半圆相交，过交点向上引垂线与 GL 交于 2、3 点，从 $2M_1$、$3M_1$ 与 $4F_1$ 的交点分别向 F_2 引直线与对角线相交可得到 4 个交点。

（4）将 4 个切点和 4 个交点用光滑的曲线连接起来即为所求圆的透视。

（三）垂直圆的透视

垂直圆的透视，作法与水平圆类似，如图 4-42 所示，步骤略。

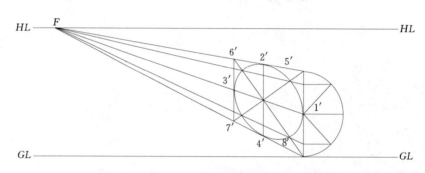

图 4-42　垂直圆的透视作法

第六节　视觉参数的选择

为了保证所绘透视图能准确反映景物，不会使景物产生扭曲和变形，在绘制透视图前就必须处理好视点、画面和景物之间的关系。

一、视点的选择

由透视图的画法可知，透视图各项视觉参数中，最关键的因素是视点的位置。视点位置选择的正确与否，关系到所得出的透视图形象是否逼真、生动。

视点的确定包括站点位置的确定和视高的确定两个方面。

1. 站点位置的选择

站点的位置应当在符合人眼的视觉要求的位置上。当人们观察物体时，视线会形成一个圆锥，生理学上称为视锥。如图 4-43 所示，视锥的顶角称为视角，锥面与画面的交线称为视域。据测定，视角在 30°～40°时，视觉效果较好；当视角超过 60°时，透视图就会失真，而且视角越大，失真越严重。

视角的大小与视点到画面的距离即视距有关。如图 4-44 所示，当视距为 1.5D、2D 时，它们的视角大致是 28°～37°，图中 D 表示视锥的底圆直径。

图 4-45 所示为视距对透视图的影响。从图中可知，视距过大，灭点就远，从而导致水平线透视收敛过缓，立体感就差，且画图不便。而视距过小，则灭点太近，水平视线收敛过快，从而导致透视

形象失真。因此，确定适当的视距对透视图形象的逼真与生动关系极大。

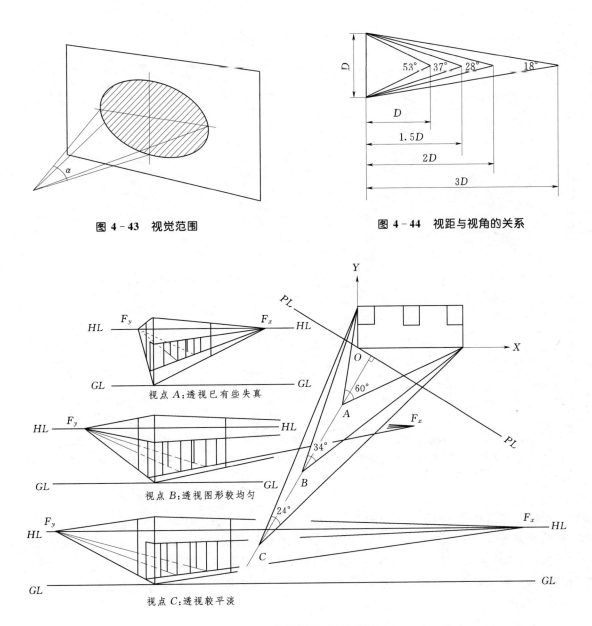

图 4 - 43　视觉范围　　　　　　　　图 4 - 44　视距与视角的关系

图 4 - 45　视距对透视图的影响

此外，在选择视点时，还要考虑到使透视图能代表性地反映所绘的内容，不要歪曲景物。如图 4 - 46 所示为不同位置的视点及视高情况下的透视图效果。为了保证视角大小的恰当，还要注意使视点的位置位于画面中间的 1/3 的范围以内，如图 4 - 47 所示。

2. 视高的选择

视高即视点到基面的距离。如图 4 - 48 所示，不同的视高会得出不同的透视效果。一般视高可按人的眼高（1.5～1.8m）来定。有时视高的确定还与景物的总高有关。若景物较高，可适当提高视高；若景物较低，则适当降低视高，以使景物上下两条水平透视线收敛匀称。此外，视高还与透视图表述的内容有关。有时为了表达景物的高耸雄伟，需要降低视高；有时为了扩大地面的透视效果，要提高视高。但是，在一定的视距内，视平线的抬高或降低的幅度是有限的，应以视角不超过 60°为准，以免失真，否则就应该用倾斜的画面。

二、画面的选择

当视点相对于景物的位置不变时，无论画面远或近，所得到的透视形象是一致的，只是大小不同

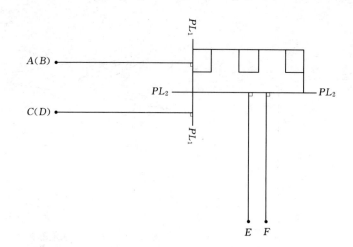

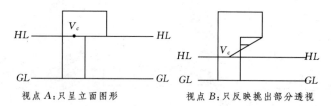
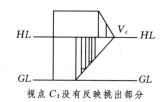

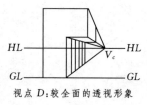
视点 A：只呈立面图形

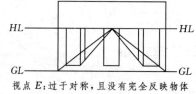
视点 B：只反映挑出部分透视

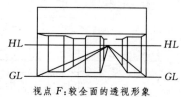
视点 C：没有反映挑出部分

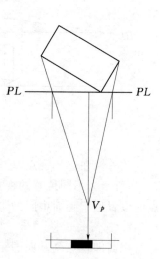

视点 D：较全面的透视形象   视点 E：过于对称,且没有完全反映物体   视点 F：较全面的透视形象

图 4-46　视点的选择

而已。所以，作图时可利用移动画面的方法来改变透视图的大小。但是，当画面与景物之间的夹角即偏角发生改变时，透视图有较大变化。如图 4-49 所示，当偏角较小时，主立面的方向轮廓线的灭点较远，水平透视线收敛平缓，该立面就显得特别宽阔。通常画面与主立面之间的夹角采用 30°左右为宜。

三、站点、画面在平面图中的选择

1. 先定站点后定画面的方法

先定站点后定画面的方法如图 4-50 所示。

(1) 首先确定站点 S。自站点 S 向景物两侧引视线投影 Sa、Sc，并使其夹角 α≈30°～40°；

(2) 引视线 SO，使其为夹角 α 的平分线；

(3) 过 O 点作垂直于 SO 的直线得到画面线 PL。

2. 先定画面后定站点的方法

先定画面后定站点的方法如图 4-51 所示。

(1) 根据偏角 α（常用 30°）确定画面线 PL。

(2) 过转角点 a 和 c 分别向 PL 作垂线得透视近似宽度 M。

(3) 根据视点位置的选择方法，在画面上确定一点 O，过 O 点作 PL 的垂线，在垂线方向上确定站点 S，使 SO=1.5～2.0m。

图 4-47　用心点位置居中
确定视点

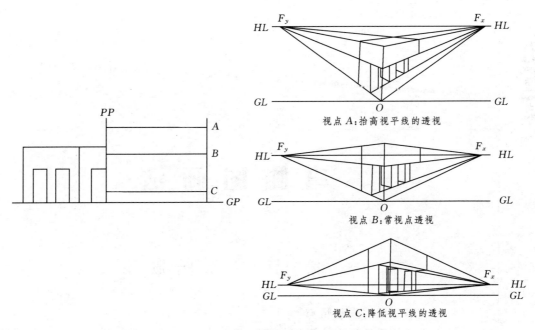

图 4-48 视平线的抬高与降低对透视图的影响

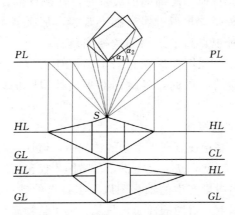

图 4-49 偏角对透视图的影响

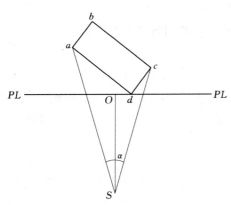

图 4-50 先定站点后定画面的方法

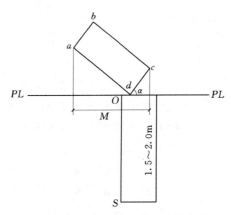

图 4-51 先定画面后定站点的方法

第五章

鸟 瞰 图 画 法

第一节 鸟 瞰 图 概 述

一、鸟瞰图的表现特点

常视点位置透视图的视域较窄，仅适合于表现局部和单一的空间，当需展现园景总体的空间特征和局部间的关系时，常视点位置透视就显得力不从心。这时，如果视点取得较高，相当于居高临下观察，那么就可表现园景总体的特征和局部间的关系。这种视点高于景物的透视图就称鸟瞰图。由于视点位置在景物的上界面的上方，所以鸟瞰图能展现相当多的设计内容，在体现群体特征上具有一般透视无法比拟的能力。因此，鸟瞰图对平面性很强的园林设计来说，更能体现出其表现能力。

二、鸟瞰图的概念

鸟瞰图一般是指视点高于景物的透视图，但视点高于景物上界面的投影图都具有鸟瞰图的特点。因此，从广义上讲，鸟瞰图不仅包括视点在有限远处的中心投影透视图，还包括平行投影产生的轴测图以及多视点的动点顶视鸟瞰图。根据这一广义概念，平面图也具有鸟瞰图的性质，只是失去了景物高度上的内容，若在平面图上加绘阴影，就会具有一定的鸟瞰感，这也是使平面图更加生动的一种方法。

第二节 透 视 鸟 瞰 图 的 画 法

根据画面与景物的关系，透视鸟瞰图可分为顶视、平视和俯视三大类。平视和顶视鸟瞰图在风景园林设计表现中比较常用。俯视鸟瞰图，特别是俯视三点透视鸟瞰图因其作法较繁琐，故在园林设计表现中很少用。本章中着重介绍风景园林设计中常用的平视鸟瞰图的作法。

一、平视鸟瞰图

对园林设计来说，用网格法作平视鸟瞰图比较实用，尤其对不规则图形和曲线状景物作鸟瞰图更为方便。

（一）一点透视网格画法

图 5-1 所示为一点透视网格的画法，其求作方法可按以下步骤进行：

（1）首先确定视平线 HL、主视点 V_c（即灭点 F）和方格网原点 O。

（2）在视平线 HL 上 F 的一侧按视距尺寸量得点 M，即量点。连接 OM 即为所求网格 $45°$ 对角线的透视方向。

（3）在基线 GL 上从 O 点开始向一侧量取等边网格点，并分别向 F 引直线得网格线的透视方向线。

（4）过上述直线与 OM 的交点分别作水平线，即得一点透视网格。

当量点 M 不可达时，可选用 1/2 或 1/3 视距点来代替，作法为：将 O 点与 1/2M 或 1/3M 相连，交过点 1 向 F 所的直线于 s 或 t，过 s 或 t 作水平线，过点 2 或 3 向 F 引直线与该水平线相交于 s' 或 t'，所得交点与 O 相连即为所求 45° 对角线的透视方向。

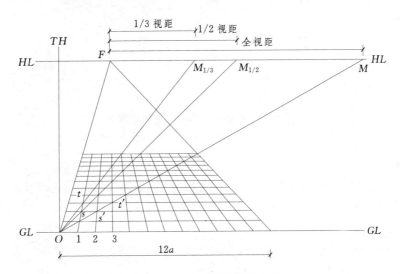

图 5-1　一点透视网格的画法

（二）两点透视网格的画法

两点透视网格的画法，根据不同情况可分为一般画法和对角线画法两种。

1. 一般画法

如图 5-2 所示为两点透视网格的一般画法，其求作方法如下：

（1）根据网格图的水平投影，分别确定灭点和 F_x 和 F_y；量点 M_x 和 M_y；基线 GL 和视平线 HL。

（2）从基线上点 O 分别向灭点 F_x 和 F_y 引直线，并向两侧量取等边网格边 OA 和 OB。

（3）将 OA 和 OB 上各点分别与 M_x 和 M_y 相连，并与 OF_x 和 OF_y 相交，所得交点与灭点 F_x 和 F_y 相连即可得到两点透视网格。

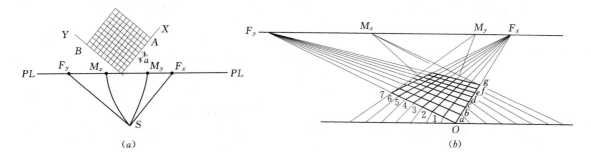

图 5-2　两点透视网格的一般画法

（a）已知网格；（b）用量点法绘制两点透视网格

2. 对角线画法

如图 5-3（a）、（b）所示为两点透视网格的对角线画法，其作法步骤为：

（1）沿 GL 上 O 点一侧量取等边网格边 OA，从其上的各点向 M_y 引直线，与 OF_y 相交，从交点向 F_x 引直线可得 F_x 的方向线。

（2）作 F_1SF_2 的角分线，交 HL 于 $F_{45°}$。

（3）连接 $OF_{45°}$，与 F_x 的方向线都相交，从这些交点向 F_y 引直线，就可得出方格网 F_y 的方向线。即完成方格网的成角透视。

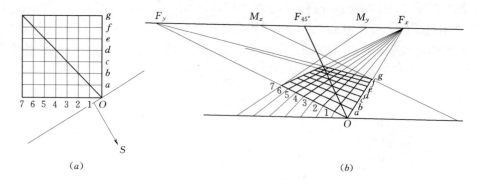

(a) (b)

图 5-3 两点透视网格的对角线画法
(a) 已知网格；(b) 用对角线灭点法绘制两点透视网格

当一个灭点不可达时，可采用图 5-4 (a)、(b) 的方法作两点透视网格，其步骤如下：

（1）首先定出视平线 HL，基线 GL，灭点 F_x 和 F_y（在图外），量点 M_y 以及点 O。

（2）在适当的地方画一水平线，交 OF_x、OF_y 于 f_x、f_y 两点，以 $f_x f_y$ 为直径画圆。

（3）连 OM_y 交该水平线于点 m_y。

（4）以 f_y 为圆心，$f_y m_y$ 为为半径画圆弧交大圆于 S 点。

（5）过大圆中心画垂直线交圆周于 C 点，连接 SC。

（6）SC 与 $f_x f_y$ 线相交于 $f_{45°}$。

（7）连接 $Of_{45°}$，并延长交 HL 于点 $F_{45°}$，该点即为所求网格的 45°对角线的灭点。

（8）用与前述相同的方法，利用对角线可得透视网格图。

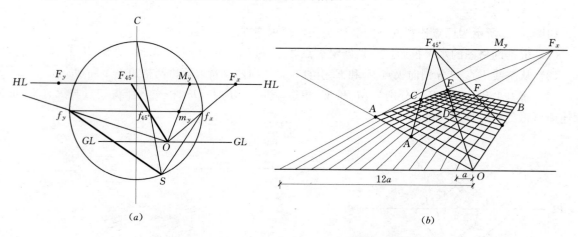

(a) (b)

图 5-4 一个灭点不可达时两点透视网格的对角线画法
(a) 一个灭点不可达时对角线灭点的确定方法；(b) 一个灭点不可达时两点透视网格的画法

（三）网格法作鸟瞰图的基本方法

掌握了网格的透视画法，我们就可用网格法来作鸟瞰图了。其基本步骤如下：

（1）首先确定基线 GL，视平线 HL，主视点 V_c、灭点 F（或 F_x、F_y）和量点 M（或 M_x、M_y）。

（2）根据平面图的复杂程度，绘制相应的网格，并运用前述方法绘制网格透视图。

（3）根据平面图上各景物控制点在网格上的位置，按照透视规律，将它们定位到透视网格相对应的位置上，即得景物的基透视。

（4）在基透视的一侧作一集中量高线。根据各景物在基透视中的位置并按透视规律，求作各景物的透视高度。

（5）运用表现技法加深景物，擦去网格线及一些看不到的线，最终完成鸟瞰图。

画鸟瞰图时，要特别注意，集中量高线上的尺寸比例应与网格比例一致，尤其是画放大的鸟瞰图时。

如图5-5所示，已知园景的平面和立面，观察者的视高和视点及画面位置。求作该园景的一点透视鸟瞰图。作图步骤如下：

（1）根据园景平面的复杂程度，确定网格的单位尺寸，并在园景平面图上绘制方格。为了方便作图，分别给网格编上号。通常顺着画面方向即网格的横向采用阿拉伯数字编号、纵向采用英文字母来编号。如图5-6所示。

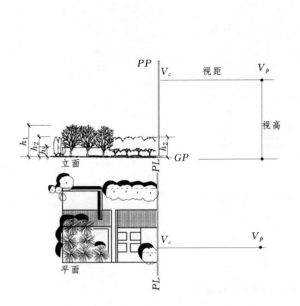

图5-5 已知园景平立面及透视参数

图5-6 在平面图上标注尺寸

（2）定出基线GL，视平线HL和主视点V_c。

（3）在视平线HL上于V_c的右边量取视距得量点M。按一点透视网格画法，把平面图上的网格绘制成一点网格透视图。

（4）按透视规律，将平面图上景物的各控制点定位到透视网格相对应的位置上，从而完成景物的基透视图。

（5）在网格透视图的右边设一集中量高线，借助网格透视线分别作出各设计要素的透视高。如图5-7所示。

（6）运用表现技法，绘制各设计要素，然后擦去被挡部分和网格线，完成园景的一点透视鸟瞰图。如图5-8所示。

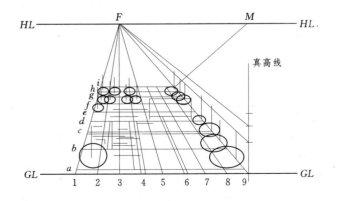

图5-7 利用透视网格绘制园景基透视并竖立真高线

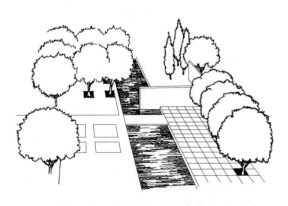

图5-8 完成的园景平视鸟瞰图

又如，用透视网格法作如图5-9所示某公园局部景区的鸟瞰图。其成角头是鸟瞰图的作图步骤如下：

（1）首先根据平面图的复杂程度决定平面图上的网格大小，并给纵横两组网格线编上编号（图5-9）。

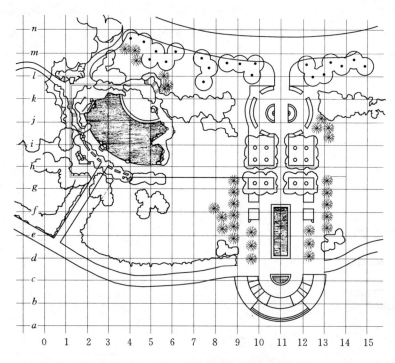

图 5-9　某公园局部景区平面图和网格

（2）按成角透视网格法绘制透视网格，为方便作图，也给透视网格编上相应的编号。

（3）利用网格坐标将平面图中各要素（道路、树木、花坛等）的形状和位置及范围，按透视规律定位到透视网格上，从而画出该公园局部景区的基透视，如图5-10所示。

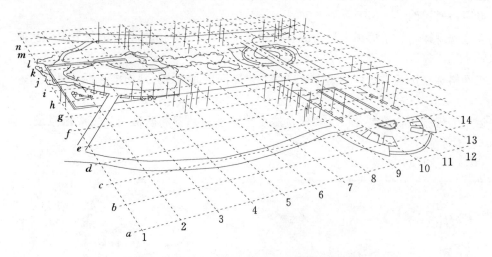

图 5-10　在透视网格基础上绘制景区基透视

（4）利用集中量高线，借助网格透视线分别作出各设计要素的透视高。然后擦去被挡部分和网格线并加深园景，从而完成景区的鸟瞰图，如图5-11所示。

二、顶视鸟瞰图

顶视鸟瞰图实际上是画面平行于地面的一点透视。这里的一点透视与前面的一点透视不同，顶视鸟瞰图的一点透视没有视平线 HL，只有距点线 DL；没有基线，只有与距点线平行的量深线 TD。

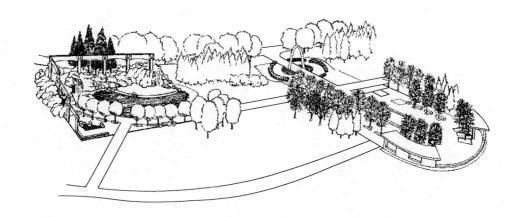

图 5-11　绘制完成的景区效果图

(图 5-9~图 5-11　摘引自：王晓俊．风景园林设计．南京：江苏科学技术出版社，2006)

因顶视鸟瞰图的画面与所需表现内容的平面平行，故作图较简便，尤其是当画面直接选在平面的位置上时，可以直接在平面图上作顶视鸟瞰图。但对于狭长、范围较广的设计内容，其表现力不佳，仍以平视鸟瞰表现为主。这里对这种方法不再深入介绍。

第三节　轴测鸟瞰图的画法

一、轴测图概述

三面正投影图能够较好地表述物体的形状、大小，是工程图中的主要图示方法，但缺乏立体感，直观效果差。因此，在工程图中，还采用一种富有立体感的投影图来表示物体，作为辅助图样帮助读图和进行设计构思，这种投影图称为轴测投影图，简称轴测图。如图 5-12 所示。

轴测图是由平行投影产生，具有立体感的视图。这种轴测图虽不符合人眼的视觉规律、缺少视觉纵深感，但却具有清楚地反映群体关系的能力。轴测图不仅可以用来推敲设计造型、了解园林空间构成，为创造新的设计构思提供直观、快捷的三维形象，而且还可以用来表

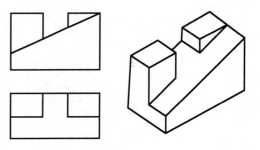

图 5-12　形体的两面投影与轴测投影图

现方案或代替透视鸟瞰图。总之，轴测图作图简便、形成视觉形象快、反映景物实际比例关系准确，是一种有力的设计表现方法。

二、轴测投影图的形成、种类及特点

（一）轴测投影图的形成

如图 5-13 所示，轴测投影图是应用平行投影的原理，用一组平行投影线将物体及其三个坐标轴一起投在一个投影面上，在该投影面上得到的能同时反映物体三个方向的面的投影图即为轴测投影图。承受轴测图的平面为轴测投影面，三个坐标轴在轴测投影面上的投影称为轴测轴，三个轴测轴之间的夹角称为轴间角。

（二）轴测投影图的分类

有两种方法可以得到富有立体感的轴测图。

1. 正轴测

将物体三个方向的面及其三个坐标轴与轴测投影面倾斜，投影线垂直于轴测投影面，这样所得到的轴测图称为正轴测投影图，简称正轴测，见图 5-14（a）。

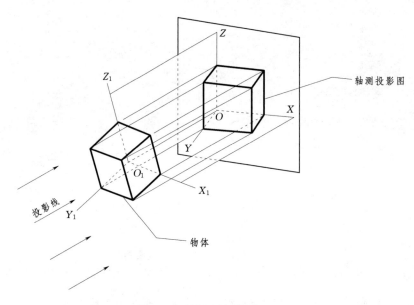

图 5-13　轴测投影图的形成

2. 斜轴测

将物体一个方向的面及其两个坐标轴与轴测投影面平行，投影线与轴测投影面斜交，这样所得到的轴测图称为斜轴测投影图，简称斜轴测，见图 5-14（b）。

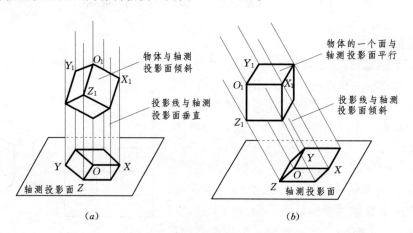

图 5-14　轴测图的种类

（a）正轴测；（b）斜轴测

（三）轴向变形系数及轴间角

确定物体长、宽、高三个向度的直角坐标 OX、OY 和 OZ 在轴测投影面上的投影 O_1X_1、O_1Y_1、O_1Z_1 即为轴测轴。相邻两轴测轴之间的夹角 $\angle X_1O_1Z_1$、$\angle Z_1O_1Y_1$ 和 $\angle Y_1O_1X_1$ 即为轴间角。

在轴测投影中，平行于空间坐标轴方向的线段，其投影长度与其空间实际长度之比，称为轴向变形系数，分别用 p、q 和 r 表示。

$$p=O_1X_1/OX；q=O_1Y_1/OY；r=O_1Z_1/OZ$$

（四）轴测投影图的特点

（1）直线的轴测投影仍然是直线。

（2）空间平行直线的轴测投影仍然互相平行。所以，与坐标轴平行的线段，其轴测投影也平行于相应的轴测轴。

（3）只有与坐标轴平行的线段，才与坐标轴发生相同的变形，其长度才按轴向变形系数 p、q、r 来确定和测量。

三、几种常用的轴测图

（一）正轴测投影

空间一长方体，它的三个坐标轴与投影面 P 倾斜，投影线方向 S 与投影面 P 垂直，所得到的是正轴测投影。如图5—9（a）所示。

显然，如果坐标轴与轴测投影面的倾斜角度不同，它们的三个轴测轴的方向、轴间角和轴向变形系数也就不同。这样，同一形体可以做出不同的正轴测投影来。实际上，制图中常用的正轴测投影是正等测和正二测两种。

1. 正等测投影

我们使物体相互垂直的三个坐标轴与轴测投影面的倾斜角度相等，这样的倒的正轴测投影图，即正等测图。

由于三个坐标轴与投影面的倾角相等，即都是 35.27°，故三个坐标轴的变形系数也都相同，根据计算 $\cos35.27°\approx0.82$，即 $p=q=r=0.82$。但是为了作图方便，常把它简化为1，即 $p=q=r=1$，称为简化轴向变形系数，简称简化系数。这样，画出的轴测图与实际投影相比，只是尺度的放大，即相当于比实际投影图放大了 $1/0.82=1.22$ 倍。

由于物体的三个坐标轴与轴测投影面的倾角相等，则三个轴之间的夹角 $\angle X_1O_1Z_1$、$\angle Z_1O_1Y_1$ 和 $\angle Y_1O_1X_1$ 都是 120°。如图5-15所示。

2. 正二测投影

如果我们使物体三个互相垂直的坐标轴中的两个坐标轴与轴测投影面的倾斜角度相等，这样得到的正轴测投影图就是正二测图。

正二测与正等测的不同之处，在于三个坐标轴中只有两个与轴测投影面的倾角相等，因此，这两个轴的轴向变形系数一样，三个轴间角也有两个相等。如图5-16所示，$\angle Z_1O_1Y_1=\angle Y_1O_1X_1=131°25'$，$\angle X_1O_1Z_1=97°10'$。

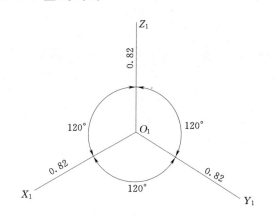

图 5-15　正等测的轴测轴

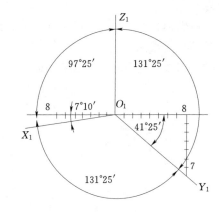

图 5-16　正二测的轴测轴

轴向变形系数 $p=r=0.94$，$q=0.47$。为了作图方便，采用简化轴向变形系数 $p=r=1$，$q=1/2$，用简化系数作出的正二测图，比实际投影放大了 $1/0.94=1.06$ 倍。如图5-16所示。

（二）斜轴测投影

空间形体的一个面（或两个坐标轴）与轴测投影面平行，而投影线方向是与轴测投影面倾斜的，这样得到的轴测投影即为斜轴测投影。

当空间形体的底面平行于水平面，且以该水平面作为轴测投影面时，所得到的斜轴测投影图称为水平斜轴测图；当空间形体的正面平行于正平面，且以该正平面作为轴测投影面时，所得到的斜轴测投影图称正面斜轴测图。

1. 水平斜轴测

图5-17所示为水平斜轴测图的形成。它的特点有两个。

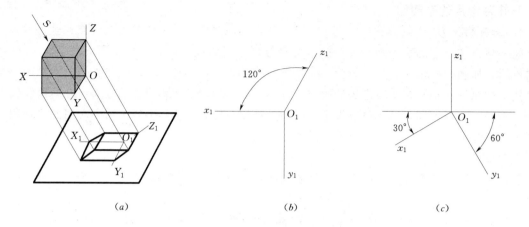

（a）　　　　　　　　　　（b）　　　　　　　　　　（c）

图 5-17　水平斜轴测图的形成和轴测轴

（1）形体的坐标轴 OX 和 OY 平行于水平的轴测投影面，所以 OX 和 OY 或平行于 OX 和 OY 的线段的轴测投影长度不变，即变形系数 $p=q=1$，其轴间角为 $90°$。

（2）形体的坐标轴 OZ 轴垂直于轴测投影面。由于投影线 S 是倾斜的，轴测轴 O_1Z_1 则是一条倾斜线，如图 5-17（b）所示。但习惯上仍将 O_1Z_1 画成铅垂线，而将 O_1X_1 和 O_1Y_1 相应偏转一个角度，如图5-17（c）所示。变形系数 r 应小于 1，为简化作图，仍取 $r=1$。

在水平斜轴测中，水平投影面平行于轴测投影面，水平投影反映实形，因此水平斜轴测常用来表现形体水平投影较复杂、曲线多的形体，或用于表现建筑小区的总体规划图等。

2. 正面斜轴测

图 5-18 所示为正面斜轴测图的形成。它的特点是：

（1）形体的坐标轴 OX 和 OZ 平行于轴测投影面（正平面），其投影不发生变形，即 $p=r=1$；轴间角为 $90°$。

（2）坐标轴 OY 与轴测投影面垂直，但因投影线方向 S 是倾斜的，OY 的轴测投影 O_1Y_1 也是一条倾斜线，其与轴测轴 O_1X_1（或水平线）的夹角，一般取 $45°$。变形系数 q 常取 0.5。轴测轴 O_1Y_1 的方向可根据作图需要选择如图 5-18（b）、（c）所示。

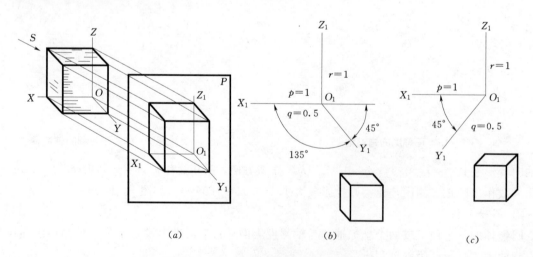

（a）　　　　　　　　　　（b）　　　　　　　　　　（c）

图 5-18　正斜轴测图的形成和轴测轴

利用正面斜轴测中一个面不发生变形的特点来画斜轴测图，方法比较简便。因此，常用来表现正立面曲线多、形状复杂的形体。

四、轴测图的作图方法

轴测图的作图方法有坐标法、切割法和叠加法。坐标法是最基本的方法，切割法和叠加法是以坐标法为基础的。

坐标法是根据物体表面上各点的坐标，画出各点的轴测图，然后依次连接各点，就可得该物体的轴测图。

切割法是将切割型的组合体，看作一个整体、简单的基本形体，作出它的轴测图，然后将多余的部分逐步地切割掉，最后得到组合体的轴测图。

叠加法是将叠加型的组合体，用形体分析的方法，分成几个基本形体，再依次按其相对应位置逐个地作出轴测图，最后得到整个组合体的轴测图。

轴测图作图的基本步骤是：

（1）根据选定的轴测形式、变形系数和角度，作出轴向线。

（2）沿各轴按相应的变形系数量取尺寸。

（3）作平行于轴的直线，将相应的点连接起来，完成轴测平面。

（4）沿 OZ 轴量得各点高度，并将相应的点连接起来。

（5）根据前后关系，擦去被挡的图线和底线，加深图线，完成轴测图。

（一）正轴测图的作图方法

1. 正等测图的作图方法

作正等测图时，首先画正等测图的轴测轴，一般将 O_1Z_1 轴画成铅锤位置，O_1X_1 和 O_1Y_1 轴可用丁字尺与 $30°$ 三角板配合作图，使 O_1X_1 和 O_1Y_1 与 O_1Z_1 各成 $120°$ 角，如图 5-10 所示。然后利用坐标法进行作图。采用简化系数 $p=q=r=1$，即沿 O_1X_1、O_1Y_1 和 O_1Z_1 轴方向的长度不变。

如图 5-19（a）所示，已知形体的投影图，求作其正等测图。

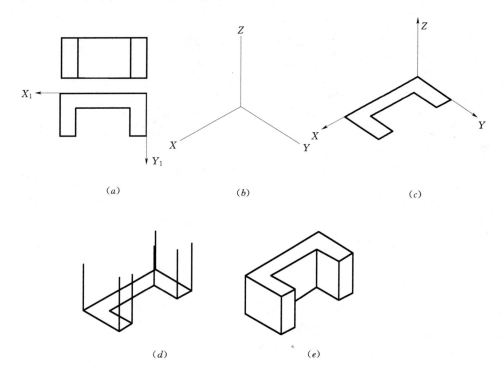

（a）   （b）   （c）

（d）   （e）

图 5-19   正等轴测作图
（a）投影图；（b）画轴；（c）画底面；（d）立高；（e）完成

作图步骤：

（1）画正等测的轴测轴，使其轴间角均为 $120°$，见图 5-19（b）；

（2）沿着轴 OX、OY 方向量取形体的长、宽尺寸，并画平行线（形体上互相平行的直线其轴测投影也平行），作出形体的底面，见图 5-19（c）；

（3）沿 OZ 方向向上作垂线立高，见图 5-19（d）；

（4）作底面的平行线，加深图线，完成作图，见图5-19（e）。

又如图5-20（a）所示，已知形体的正投影图，求作正等测图。

分析：由图可知，该形体为四坡顶房屋，可分解为上下两部分，即下部的四棱柱（墙身）和上部的三棱柱（屋顶）。

作图步骤：

（1）画轴测轴，作出下部四棱柱（墙身）的轴测图，见图5-20（b）；

（2）在四棱柱的上表面沿轴向分别量取X_1和Y_1得交点，过交点作垂线，在垂线上量取Z，见图5-20（c）；

（3）连中央屋脊线和四条斜脊线，见图5-20（d）；

（4）擦去多余的图线和轴测轴，加深图线即可，见图5-20（e）。

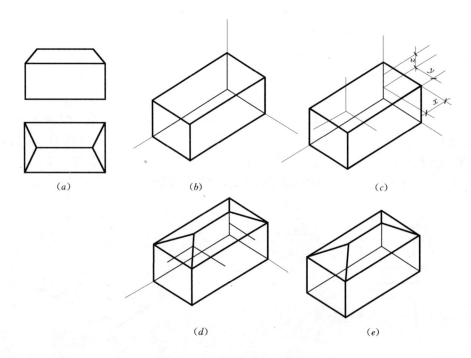

图 5-20　用坐标法作正等测图

下面介绍叠加法和切割法作轴测图的做法。

如图5-21（a）所示，根据柱础的正投影图，求作它的正等测图。

分析：由图可看出，该组合体是由三个四棱柱体上下叠加而成的柱基础，对于这类形体，适合于用叠加法求作。

作图步骤：

（1）在正投影图上定出坐标位置。根据形体的作图需要，可将坐标原点定于形体中心位置。

（2）画轴测轴，作出底部四棱柱A的轴测图，见图5-21（b）。

（3）在四棱柱A的上表面中心位置，作出四棱柱B的轴测图，见图5-21（c）。

（4）用同样方法作出顶部四棱柱C的轴测图，见图5-21（d）。

（5）擦去被遮挡的棱线和轴测轴，加深图线即得柱基础的正等测图，见图5-21（e）。

再如图5-22（a），根据形体的正投影图，完成其正等测图。

分析：该图所示的组合体可以看作是一个简单的长方体，在其上切割掉一个小三棱柱A和一个小四棱柱B而形成的一个组合体，见图5-22（b）。对于这类形体，适合于用切割法求作轴测图。

作图步骤：

（1）在正投影图上定出坐标的位置。

（2）画轴测轴，作出长方体的轴测图，见图5-22（c）。

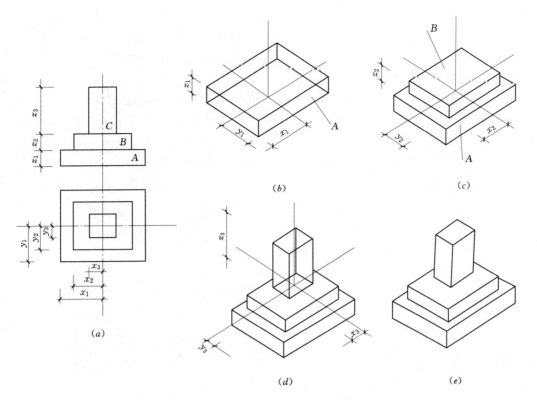

图 5－21　用叠加法作形体的正等测图

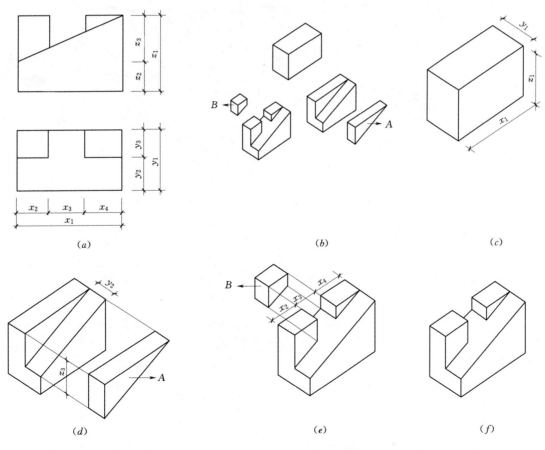

图 5－22　用切割法作形体的正等测图

（3）切去三棱柱 A，见图 5 - 22 （d）。

（4）切去四棱柱 B，见图 5 - 22 （e）。

（5）擦去多余的轮廓线和轴测轴，留意形体被切割后所产生的表面交线，哪些应擦去，哪些应保留，最后加深图线，即得组合体的正等测图，见图 5 - 22 （f）。

2. 正二测图的作图方法

作正二测图时，一般将 O_1Z_1 画成铅锤线位置。由于 $tg7°10'≈1/8$，$tg41°25'≈7/8$，因此，可利用此比例确定轴测轴 O_1X_1 和 O_1Y_1，如图 5 - 11 所示。然后用坐标法进行作图。采用简化系数 $p=r=1$，$q=1/2$，即沿 O_1X_1、O_1Z_1 轴方向的长度不变；沿 O_1Y_1 轴方向的长度应为实长的 $1/2$。

如图 5 - 23 （a）所示，已知形体的投影图，求作其正二测图。

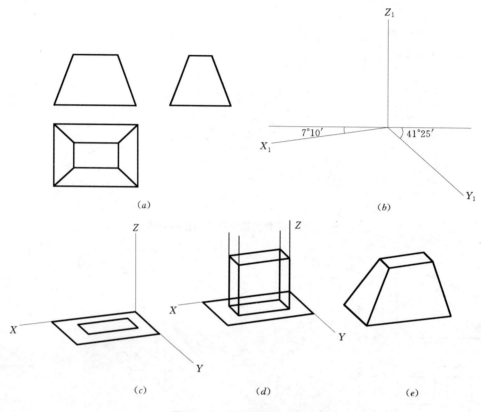

图 5 - 23　正二测图的画法

作图步骤：

（1）画轴，见图 5 - 23 （b）。

（2）画底面。即沿 X 轴方向量取形体的长度，Y 轴方向量取形体宽度并乘以 $1/2$ 的变形系数，并画平行线完成底面图形，见图 5 - 23 （c）。

（3）立高。即沿 Z 轴方向量取形体的高度，见图 5 - 23 （d）。

（4）画侧棱线，完成作图，见图 5 - 23 （e）。

又如图 5 - 24 所示，也是正二测图的绘图一例。从图中可以看出，正二测图的立体感更强，画出的物体较为生动。但由于轴间角利用丁字尺三角板画图不方便，我们可以选择如图 5 - 25 所示的几种画法以适应不同场合的需要，各轴方向缩短都已简化，直接标在图中以便使用。

图 5 - 26 就是采用图 5 - 25 中第二种轴间角法绘制的。

（二）斜轴测图的作图方法

1. 水平斜轴测的作图方法

画水平斜轴测，一般将 O_1Z_1 轴画成铅锤位置。将景园平面图转动一个角度（如 $30°$），然后在各要素（如建筑）平面的转角处画垂线，再量出各竖向要素的高度，即可画出园景的水平斜轴测投影

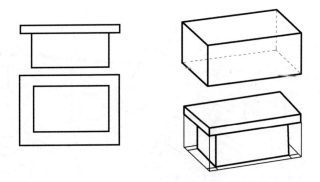

图 5 - 24　正二测图举例

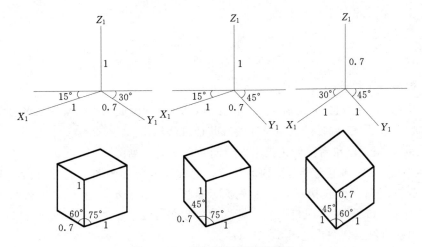

图 5 - 25　正二测图的不同画法

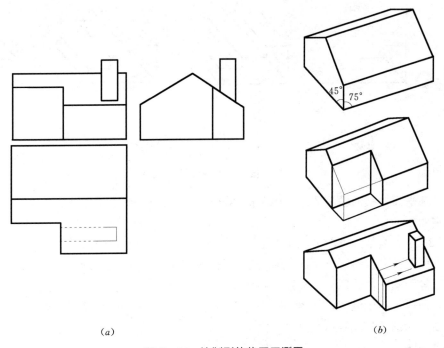

　　　　　　　　　　(a)　　　　　　　　　　　　　　　　　　　(b)

图 5 - 26　绘制形体的正二测图

(a) 已知三面投影；(b) 正二测图

图。如图 5-27 所示。

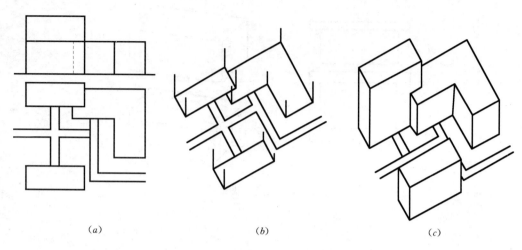

(a)　　　　　　(b)　　　　　　(c)

图 5-27　水平斜轴测图的画法
(a) 两面投影；(b) 竖高度；(c) 完成

2. 正面斜轴测图的作图方法

画正面斜轴测图时，一般将 O_1Z_1 轴画成铅锤位置，O_1X_1 轴画成水平位置，O_1Y_1 轴用丁字尺配合 45°三角板画成与水平线成 45°位置。仍用坐标法或其他方法绘出。

见图 5-28 (a)，根据已给台阶的正投影，绘制其正面斜二测图。

作图步骤为：在正投影图上定出坐标轴的位置，因在正面斜轴测图上能反映出与 V 面平行图形的实质，所以可由投影图立面直接绘台阶的侧面，见图 5-28 (b)；然后定出台阶的方向，见图 5-28 (c)；沿平行于 O_1Y_1 轴的方向量取尺寸，取原宽度的 1/2，见图 5-28 (d)；最后擦去多余的图线，得到台阶的正面斜二测图，见图 5-28 (e)。

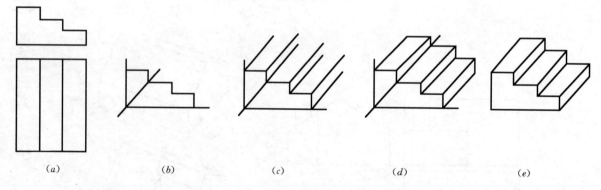

(a)　　　　　(b)　　　　　(c)　　　　　(d)　　　　　(e)

图 5-28　绘制台阶的正面斜二测

另外，较复杂平面曲线的轴测图一般用网格法求作。如图 5-29 所示，即为用网格法求复杂平面图形轴测图的实例。

又如图 5-30 所示为某园景的平、立面图，绘制该园景的正等测投影图。

首先，在平面图基础上绘制方格网，为便于画图，标注横向与纵向坐标，如图 5-31 所示；然后绘制该网格的正等测图，并按照对应关系，将平面图中的点相应标注到网格轴测图中去，再用光滑的曲线顺次连接，即得平面轴测图，如图 5-32 所示；最后量取景物的真实高度，擦去多余线条，加深图线，完成作图，如图 5-33 所示。

五、圆的轴测投影

圆的正轴测图形都是椭圆；圆的斜轴测图形取决于圆所处的面，若圆处在画面的平行面上或反映实形的那个面上则圆的斜轴测图形仍为圆，除此之外其他面上圆的斜轴测图形均为椭圆。

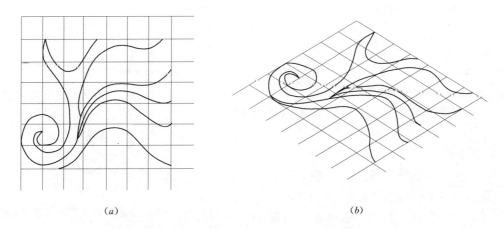

(a)　　　　　　　　　　　　(b)

图 5-29　利用网格绘制复杂平面的轴测图

(a) 对复杂平面加绘网格；(b) 在绘制网格轴测图的基础上绘制复杂平面的轴测图

图 5-30　已知园景的立面图、平面图

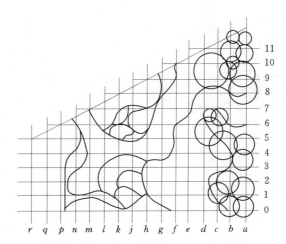

图 5-31　对园景平面图加绘网格

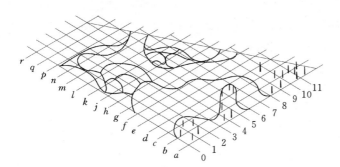

图 5-32　绘制园景的平面轴测图

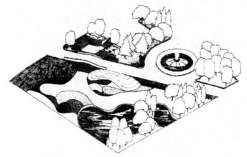

图 5-33　完成的园景正等测图

圆的椭圆形轴测图的画法很多，精度不一，常用的是四心圆法和八点法。

（一）四心圆法

当两个轴测变形系数相等时，圆的外切正方形的轴测图是菱形，菱形内椭圆最好用"四心圆法"求作。

图 5-34 所示为一个正方体的正等轴测图，正方体的顶面和侧面均由正方形变成了菱形，正方形内的圆也都变成了菱形内的椭圆。

四心圆法作菱形内的椭圆方法如下（以水平椭圆为例），如图 5-35 所示：

（1）作出正方形的正等轴测图，得菱形 ABCD，并找出正方形与圆的四个切点。分别过四个切

· **111** ·

点作垂线，所作垂线两两相交，得四个交点 1、2、3、4；

注：当菱形的锐角 $\theta > 60°$ 时，点 1、3 在 AC 上；当 $\theta = 60°$ 时，点 1、3 即为 A、C；当 $\theta < 60°$ 时，1、3 在 AC 的延长线上。

（2）分别以 1、2、3、4 为圆心，以它们到相应切点的距离为半径作圆弧，四段弧线顺次相连即得所求圆的轴测图。

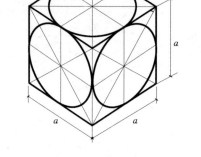

图 5-34 圆的外切正方形表面轴测图为菱形

（二）八点法

当圆的外切正方形在轴测投影中变成平行四边形时，平行四边形内的椭圆一般用"八点法"求作。

所谓"八点法"就是利用圆的外切正方形的四个切点和对应的内接正方形的四个接点求作圆的椭圆轴测图的一种方法。其求作方法如下，见图 5-36 (a) 为圆和圆的外切正方形：

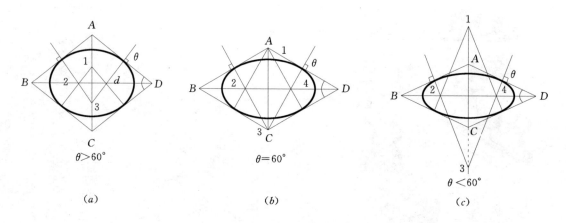

图 5-35 四心圆法作圆的轴测图

（1）先作出圆的外切正方形 $ABCD$ 的轴测图，并定出各边中点 1、3、5、7 即为圆的四个切点，见图 5-36 (b)。

（2）然后作圆的内接正方形。过点 A 和切点 1 分别作 45°线相交于点 E，以点 1 为圆心，1E 为半径作半圆分别交 AB 边于点 F 和点 G，分别过点 F、G 作 AD 边的平行线交对角线 AC、BD 于 2、4、6、8 点，即为圆的内接正方形的四个角点，见图 5-36 (c)。

（3）将所求八个点用平滑的曲线顺次连接即得圆的轴测图。

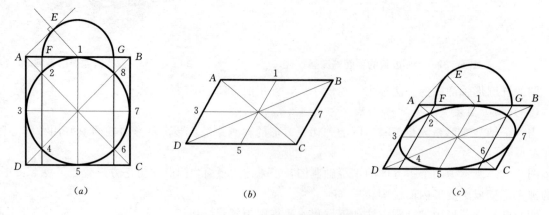

图 5-36 八点法绘制圆的轴测图

六、注意问题

绘制形体的轴测图时，应注意以下几个问题。

（一）角度选择

首先要根据形体的投影图弄清形体的大致形状，选择好观看角度，以便更清楚地表现形体。如图5-37（a）所示为形体的正投影图，图5-37（b）的观看角度较好，图5-37（c）的角度就表达不清楚了。

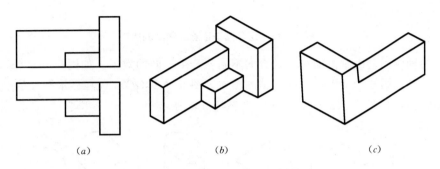

（a）　　　　　　　　　　（b）　　　　　　　　　　（c）

图 5-37　角度不同，形体效果不同

（二）轴测图种类选择

1. 作图简便

（1）平面曲线多、形状复杂的形体，或者小区的规划图，宜选择水平斜轴测绘制。

（2）正立面曲线多、形状复杂的形体宜选用正面斜轴测绘制。

（3）方正平直的形体常用正轴测。

2. 直观效果好

（1）平面上有45°线的形体，如用正等轴测，会出现45°线的轴测和垂线贯穿的情况，从而表达不清楚，如图5-38所示；如改用正二测，就能表达清楚，如图5-39所示。

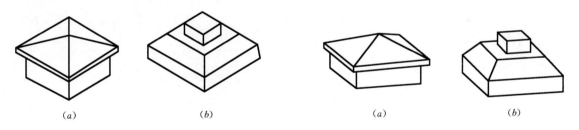

（a）　　　　　　（b）

图 5-38　正等轴测图的表达效果

（a）　　　　　　（b）

图 5-39　正二测图的表达效果

（2）八棱柱［图5-40（a）］因有45°斜面，在正等测图中，有两个面变成两条线，表达不清，如图5-40（b）所示；而用正二测就比较好，如图5-40（c）所示。

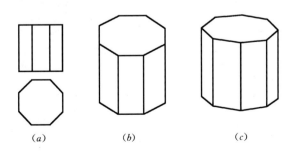

（a）　　　　　　（b）　　　　　　（c）

图 5-40　正等测与正二测的比较

（a）正投影图；（b）正等测图；（c）正二测图

（3）一块砖，如用正等测画，效果比较好，见图 5－41（a）；如用正面斜轴测，比例会显得太长而不美观，见图 5－41（b）。

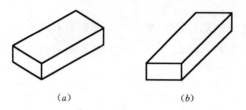

（a）　　　　　　　　（b）

图 5－41　正等测与正面斜轴测的比较

（4）圆柱的轴测图会因轴测的种类及方向不同，产生不同的效果。如图 5－42（a）、（b）、（c）所示为圆柱的正轴测，圆柱的变形小；在斜轴测图中，图 5－42（d）、（e）显示圆柱的变形大；只有底面为正面的斜轴测，如图 5－42（f）所示，形态特点较好。

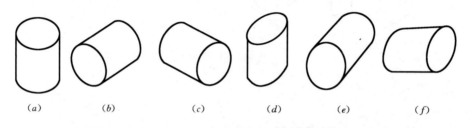

（a）　　　　（b）　　　　（c）　　　　（d）　　　　（e）　　　　（f）

图 5－42　不同轴测种类效果的比较

第六章

园林景观图纸中的要素表达

第一节　植物的表现方法

　　景观园林植物是景观园林设计中应用最多的造园要素，也是最重要的要素。景观园林植物不仅具有独立的景观表象，突出的园林意境，也是其他景观要素不可缺少的陪衬。景观园林植物种类繁多（图6-1），画法不一，但一般都是根据不同的植物特征，抽象其本质，运用基本笔法组合而成众多图例。常见的基本笔法如图6-2所示。

图 6-1　自然界各种姿态的树木

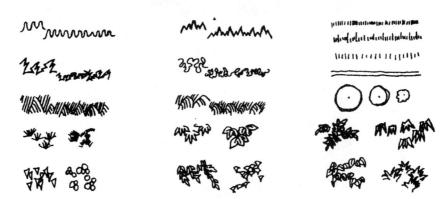

图 6-2　园林植物表现的基本笔法

一、树木的表现方法

（一）树木的平面画法

1. 常用表现方法

景观园林植物的平面图是指植物的水平投影图。一般都采用图例这种形式来概括地表示，其方法为：用圆圈表示树冠的形状和大小，用黑点表示树干的位置及树干粗细，如图 6-3 所示。树冠的大小应根据树龄按比例画出，成龄的树冠大小如表 6-1 所示。

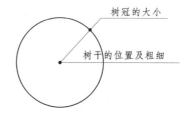

图 6-3　树木的平面表示

表 6-1		成龄树的树冠径			单位：m
树种	孤植高	高大乔木	中小乔木	长绿乔木	绿　篱
冠径	10～15	5～10	3～7	4～8	单行宽度：0.5～1.0 双行宽度：1.0～1.5

2. 树冠的形状

（1）树木的平面表示。

根据不同的表现手法，可将树木的平面表示划分为以下四种类型，如图 6-4 所示。

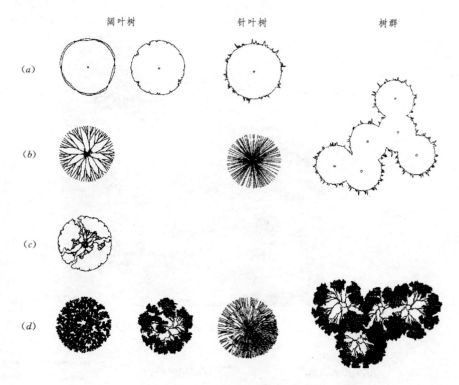

图 6-4　树木平面的四种表现类型
（a）轮廓型；（b）分枝型；（c）枝叶型；（d）质感型

　　1）轮廓型：树木平面只用线条勾勒出轮廓，线条可粗可细，轮廓可光滑，也可带有缺口或尖突。

　　2）分枝型：在树木平面中只用线条的组合表示树枝或枝干的分叉。

　　3）枝叶型：在树木平面中既表示分枝、又表示冠叶，树冠可用轮廓表示，也可用质感表示。这种类型可以看作是其他几种类型的组合。

　　4）质感型：在树木平面中只用线条的组合或排列表示树冠的质感。

（2）不同树种的平面表示。

为了能够更形象地区分不同树种，常以不同的线型树冠表示，归纳如下：

1）阔叶树的树冠线一般为圆弧形或波浪线，且常绿的阔叶树多表现为浓密的叶子，或在树冠内加画平行斜线；落叶的阔叶树多用枯枝表现。如图6-5所示。

2）针叶树常以带有针刺状的树冠线来表示，若为常绿的针叶树，则在树冠内加画平行的斜线。如图6-6所示。

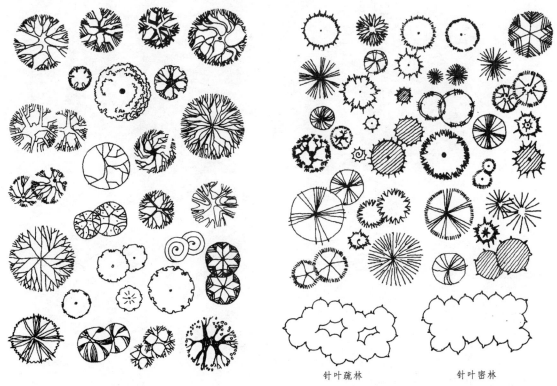

图6-5　植物平面图图例——阔叶树　　　　图6-6　植物的平面图图例——针叶树

树木平面的各种线条表现形式配以不同的色彩时，就会具有更强的表现力。

总之，树木的平面图例画法并无严格的规范，实际工作中可根据构图需要进行创新，以创造更切合实际、更能吸引视觉的画法。

3．当表现几株相连的同类树木的平面时的画法

表现几株相连的同类树木的平面时，应互相避让，使图面形成整体，如图6-7所示。当表现成群树木的平面时可连成一片，这时可只勾勒林缘线，如图6-8所示。

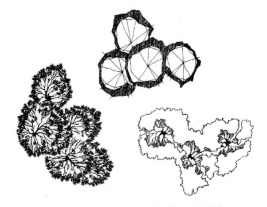

图6-7　几株相连树木的组合画法

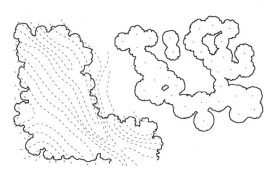

图6-8　大片树木的平面表示法

4．树木的平面落影

树木的落影是平面树木重要的表现方法，它可以增加图面的对比效果，使图面明快、有生气（图

6-9)。树木的地面落影与树冠的形状、光线的角度和地面条件有关，在园林图中常用落影圆表示，如图6-10（a）所示；有时也可根据树形稍稍作些变化，如图6-10（b）所示。

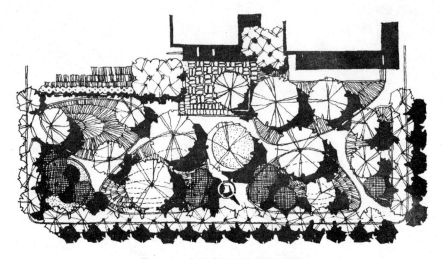

图6-9 加绘阴影的园景平面图

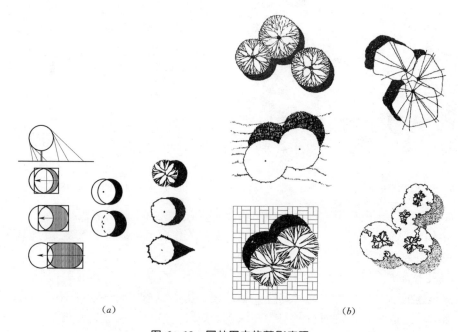

（a）   （b）

图6-10 园林图中的落影表现
（a）用落影圆表示树木阴影；（b）不同地面条件的落影质感

在园林设计图中，表示树木的圆圈的大小应与设计图的比例相吻合。也就是说，图上表示树木的圆圈直径应等于实际树木的冠径。

（二）树木的立面画法

在园林设计图中，树木的立面画法要比平面画法复杂。自然界中的树木种类繁多，丰富多姿，千变万化，各具特色。当摄影师把一株树木拍摄成黑白照片时，从直观上看，照片上的树和原来的树有所不同。树叶的形状已看不清楚，能够看见的树枝也不多，而清晰可见的是树形轮廓，我们正是根据这样的道理来画树木的立面图——省略细部、高度概括、画出树姿、夸大叶形。

下面从几个方面入手介绍树木立面的具体画法。

1. 树木立面的表现风格

树木的立面表示方法也可分成轮廓型、分枝型和质感型等几大类型，但有时并不十分严格。树木的立面表现形式有写实的，也有图案化的或稍加变形的抽象画法，如图6-11～图6-13所示。

图 6-11　树木立面质感画法图例

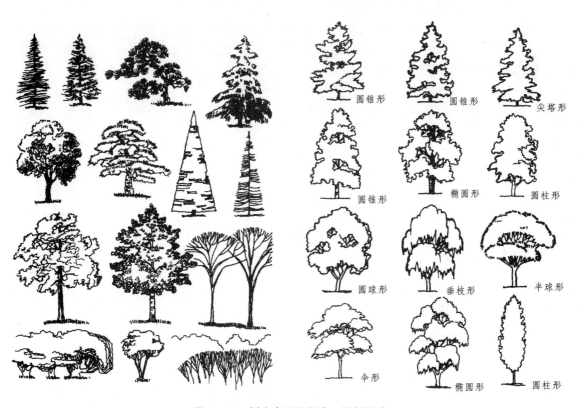

圆锥形　　圆锥形　　尖塔形

圆锥形　　椭圆形　　圆柱形

圆球形　　垂枝形　　半球形

伞形　　椭圆形　　圆柱形

图 6-12　树木立面图抽象、概括画法

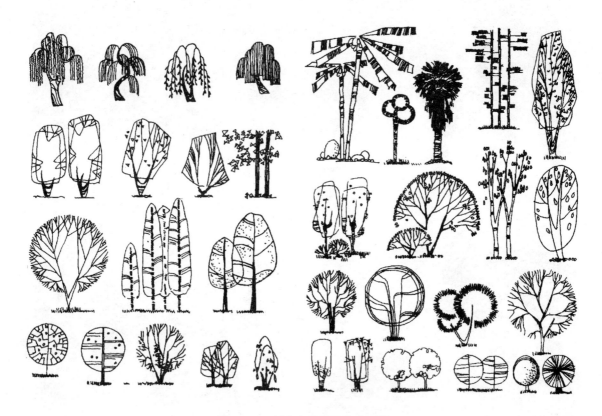

图 6-13 树木立面图图案式画法

2. 树木枝干的画法

(1) 枝干画法。

画树应先画枝干,枝干是构成整株树的框架。

画枝干以冬季落叶乔木为佳,其结构和形态明了。画枝干应注重枝和干的分枝习性。枝的分枝应讲究粗枝的安排、细枝的疏密及整体的均衡。主干应讲究主次干和粗枝的布局安排,力求重心稳定、开合曲直得当,添加小枝后可使树木的形态栩栩如生,如图 6-14 所示。

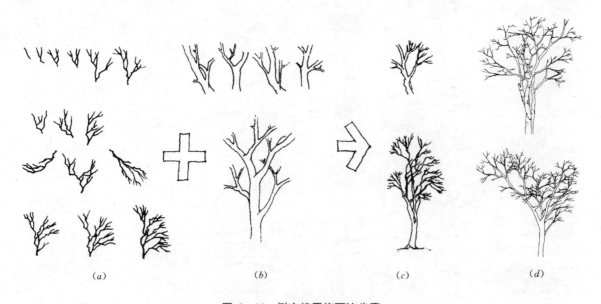

(a)   (b)   (c)   (d)

图 6-14 树木枝干的画法步骤

(a) 小枝及组合;(b) 分枝的组织;(c) 组合成树;(d) 树木分枝画法实例

（2）树干纹理的表现。

树干较粗时，可选用适当的线条表现其质感和明暗。质感的表现一般应根据树皮的裂纹而定，如，白桦横纹、柿树小块状、悬铃木大片状等。树皮粗糙的线条要粗放，光滑的要纤细。树干表面的节结、裂纹也可用来表示树干的质感。另外还应考虑树干的受光情况，把握明暗分布规律，将树干背光部分、大枝在树干上产生的落影及树冠产生的光斑都表现出来，如图6-15所示。

图6-15 树干的表现方法举例

这里需要注意的是，树干上水平纹理要注意透视效果，主干的纹理在视平线上下的弯曲方向是相反的。另外，枝干前伸与后伸的纹理弯曲方向也是有显著差别的（图6-16）。

3. 树冠形状和质感

树木的分枝和叶的多少决定了树冠的形状和质感。

（1）当小枝稀疏、叶较小时，树冠整体感差；当小枝密集、叶繁茂时，树冠的团块体积感强，小枝通常不易见到。

（2）树冠的质感可用短线排列、叶形组合或乱线组合法表现，见图6-17。

（3）短线法常用来表现松柏类的针叶树，或用来表现近景树木和叶形相对规则的树木。

（4）叶形和乱线组合法常用于表现阔叶树，其适用范围广，也适用于表现近景中叶形不规则的树木。

（5）总之要根据树木的种类、远近、叶的特征等来选择不同的表现方法。

4. 不同树木形态特征的刻画

（1）树木几何形态的概括。

根据以上可知，树木的立面图形主要由树干和树冠来决定。树干的形态由它的高矮、粗细、分枝情况等决定，画法相对简单。而树冠决定了植物的主要外形特征，其形状较为复杂，但可概括为几种基本形状：尖塔形、圆锥形、圆柱形、伞形、圆球形、椭圆形、匍匐形、垂枝形等，如图6-18所示。这时，必须注意几何形状与整体的关系，在格调上应协调一致，并在细部上求其变化，如枝叶的疏与密，树干上有纹理组织、明暗等。

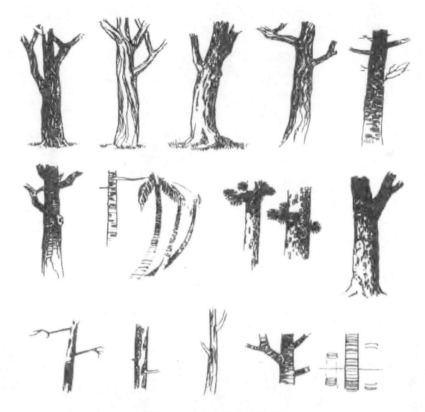

图 6-16 树干纹理的表现

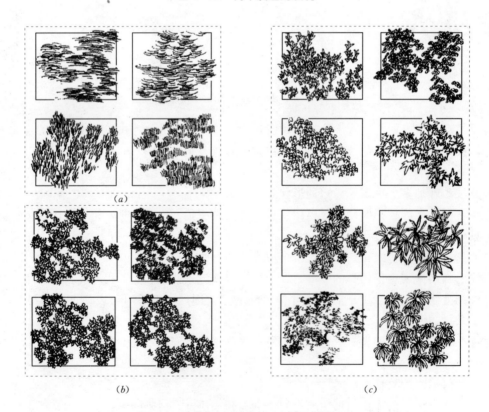

图 6-17 不同的叶丛画法表现树冠质感

(a) 短线排列法；(b) 乱线组合法；(c) 叶形组合法

（2）树木分枝与其表现特点。

1）树枝沿垂直的主干朝上出权，能表现挺拔高耸，见图 6-19 (a)。

图 6-18　树木的几何形态

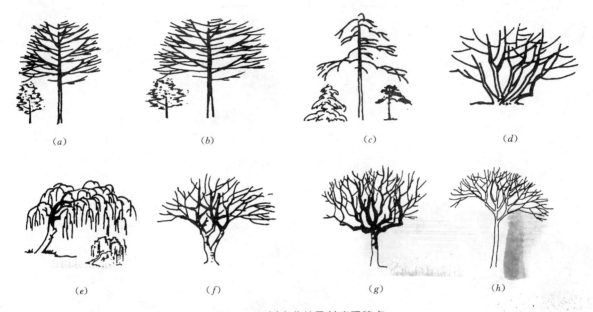

图 6-19　树木分枝及其表现特点

2) 树枝沿垂直的主要平挑出杈，也能表现挺拔高耸，见图 6-19 (b)。

3) 树枝沿垂直主干出杈下垂下挂，主干铅直，分枝由粗到细，能表现挺拔高耸，见图 6-19 (c)。

4) 主干多，常用于灌木。先主干，后分杈，见图 6-19 (d)。

5) 所有分枝都倒垂，一般表现为近水垂柳，表现手法上主干斜卧分杈倒垂，并用阴影来表现枝干，见图 6-19 (e)。

6) 主干从根部开始分杈，见图 6-19 (f)。

7) 主干顶部向上放射，主干粗大，多见于行道树，见图 6-19 (g)。

8) 主干到一定高度不断分杈，杈越多，枝越密，形成茂密树冠，多见于庭荫树，见图 6-19 (h)。

(3) 树木与建筑物的关系的处理。

在画面中，树木对建筑物的主要部分不应有遮挡。

1) 画面中近景的树木，为了不挡建筑物，同时也由于透视的关系，一般只画树干和少量的树叶，使其起"框"的作用，不宜画全貌。

2) 画面中中景的树木，可设计在建筑物的两侧或前面。如在建筑物的前面时，应布置在既不挡建筑重点部位又不影响建筑物完整的位置。

3) 画面中远景的树木，往往在建筑物的后面，起烘托建筑物和增加画面空间感的作用，色调明暗与建筑物要有对比，形体和明暗变化应尽量简化。

(三) 树木平、立面的统一

树木在平、立 (剖) 面图中的表示方法应相同 (图 6-20)，表现手法和风格应一致 (图 6-21、图 6-22)，并保证树木的平面冠径与立面冠幅相等、平面与立面对应、树干的位置处于树冠圆的圆

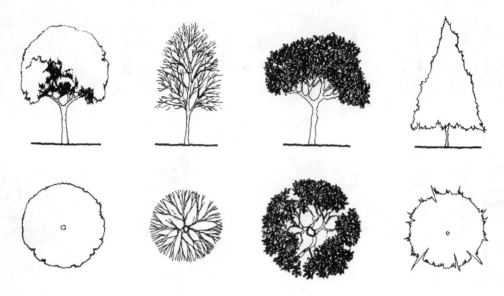

图 6－20　树木平、立面的统一

图 6－21　树木平立面表现手法的一致

心。这样作出来的平面、立（剖）面图才和谐。

（四）树木的透视画法

　　画树木的透视效果图，要研究和掌握它的形态和姿态，不必一枝一叶地刻画。要把树木看成整体，注意它的体积感，不仅要表现其正面，还要表现他的顶面和侧面的枝叶。凡是树干四周长有大枝、小枝与叶子的，其叶子通常自然地组成一团，即使是画叶子稀少的树，仍要体现出叶子团球形的感觉，才能获得良好的透视效果。

　　自然界的树干是向四周生长的，不仅有左右弯曲，并且有前后俯仰透视的变化。如果不把枝干的前后穿插表现出来，画出的树往往缺乏前后上下的立体感。树木的树干组成有多种类型，有些树木主

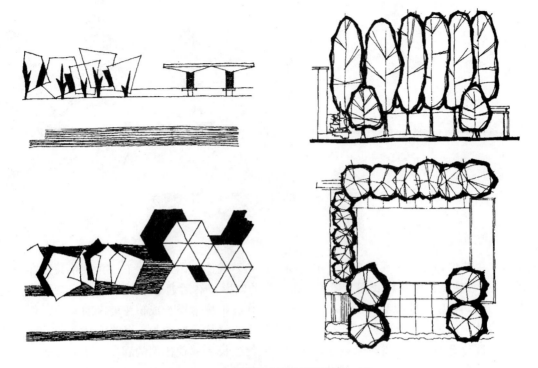

图 6-22　树木平立面表现风格的一致

干明显，有些树木则没有明显的主干，有的树枝呈放射状排列，有的是由下而上，逐渐分权。画树时应当仔细观察不同树种之间枝干结构的区别，同时，注意枝干结构的空间感。因为树是立体的，只有将树枝前后和内外的空间层次画出来，树才有立体感，如图 6-23 所示。

　　树叶的概括也是树木透视画法的要点之一。要想表现出树木的体积感，就需要借鉴投影画法。一棵枝叶繁茂的树在阳光的照射下，树冠显示出明暗差别，迎光的一面很亮，背光的一面很暗，至于里层的枝叶，完全处于阴影之中，所以最暗，如图 6-24 所示。按照这样的明暗关系来画树，就可以分出层次并表现出一定的体积感。

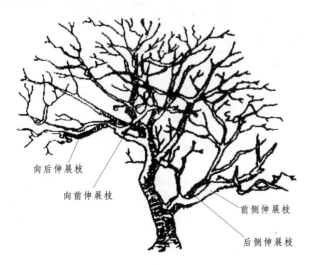

向后伸展枝

向前伸展枝

前侧伸展枝

后侧伸展枝

图 6-23　树木层次分析

里层最暗

受光面最亮

阳光

背光面较暗

图 6-24　树木明暗分析图

部分树木的透视画法举例，如图 6-25 所示。

（五）树木三种画法之间的联系

按照正投影的方法和规律，树木的平面图、立面图及透视图在视线变化方面存在着内在联系，如图 6-26 所示。

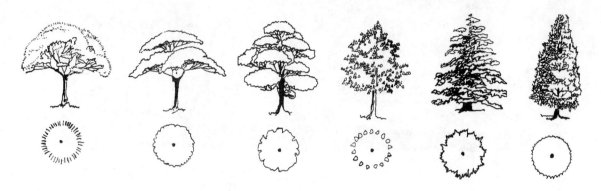

图 6-25　树木透视画法与平面画法的形象联系

（六）树木表现的练习方法

1. 把握树木的生长形态

树木表现手法的练习要从观察自然界中的树木开始。我们可以设想，有一条主生长线穿越植物体（图 6-27）。为使主干形象化，我们一般先描绘植物的侧影，然后通过它的中心画一条细线。主干应遵从这条中心线，植物的外源都源于主干。初学者往往会把树木描绘成似乎完全对称的，但这并未反映它们在大自然中的真实形状。树木都有一个强壮的中心脊柱，通常为一条光滑的曲线。随着分枝离开主干，每个部分都相应地变得越来越细。树木分枝的生长有一种比例的和谐，我们可以理解为，一棵树就像双臂伸向太阳站立的人体，附属物离开人体的躯干越远，它们就变得越小。

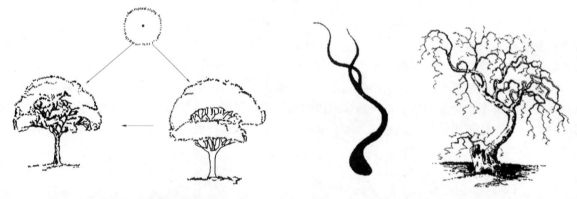

图 6-26　树木三种画法之间的联系　　　　　图 6-27　树木的主生长线

2. 描绘树木的分枝结构

为了描绘分枝结构，先画出地平面和侧影，然后设置中心线。在中心线的两侧，用线条添上主干向四面张开的部分。从主干起，将分枝结构一直向外画到侧影的边缘，在边缘处小枝渐渐变细，见图 6-28。所用线条要流畅，以仿效正常的生长形式。在描绘树叶之前，要把分枝结构彻底完成。

3. 树叶的表现

在分析了侧影、结构和分枝之后，再观察单个叶子的特点。描绘叶子的最关键因素就是能够使之抽象化，用概括抽象了的线条符号去表现树木的叶子。表现树木时，大多数初学者企图复制每一片叶子，总想把叶子画成一种图案。为了使叶子的形状抽象化，我们必须首先了解单个的叶子，然后运用抽象的符号去概括它，见图 6-29。例如，对竹子的表现，我们通常用抽象化了的"个"字符号去表现竹叶。

4. 分析光照情况

完成线条作图后，要确定光源，对树木的受光情况加以刻画。一般该步骤在描绘叶子之前进行，分析完后，利用叶子的笔触表现受光面和背光面，以赋予分枝以体积感，如图 6-30 所示。

5. 加强练习

描绘植物可能是园林绘画学习过程中最难的基本功之一，但首要之事则是这些练习应慢慢完成，

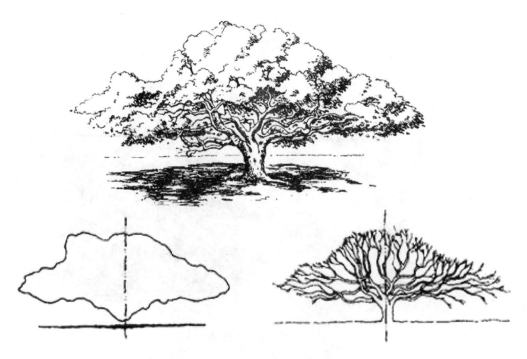

图 6 - 28　观察并分析树木的分枝结构

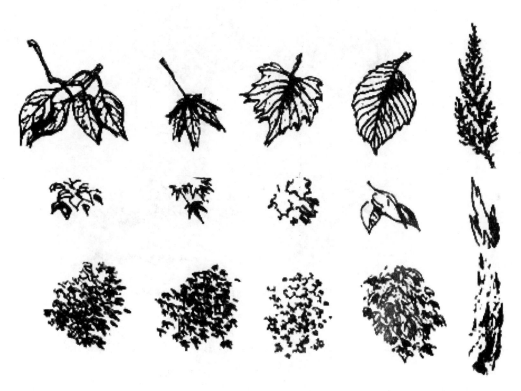

图 6 - 29　叶子的抽象概括

一个练习要反复做，待熟练之后，再接着做下一个练习。通过不间断的"练手"，去掌握基本规律，尔后就会体会到迅速进步。如练习"绕树绘画"——挑选一棵形态优美的树，在一大张白纸上用 6B 铅笔描绘这棵树。一面绕树走，一面从每个角度来画，如图 6 - 31 所示。

二、灌木和地被物的表现方法

灌木没有明显的主干，平面形状有曲有直。一般可分为自然栽植式和修剪的规整式两种。其平面表现方法如图 6 - 32 所示。

图 6-30　观察分析树木的光照情况

图 6-31　加强练习——从不同角度描绘同一棵树木

（一）自然式灌木丛

自然栽植式灌木丛的平面形状多为不规则曲线，宜用轮廓型和质感型表示，并以栽植范围为准。

（二）规则式灌木丛

修剪的灌木和绿篱的平面形状多为规则的或不规则但平滑的。可用轮廓型、分枝或枝叶型表示。

由于灌木通常丛生、没有明显的主干，因此，灌木很少会与树木平面相混淆。

地被物宜采用轮廓勾勒和质感表现的形式。作图时应以地被栽植的范围线为依据，用不规则的曲线勾勒出地被的范围轮廓。以地被物中常见的绿篱为例。绿篱从生态习性上可分为落叶与常绿两种，从形式上可分为双层和单层两种，从树种上可分为针叶和阔叶两种，从造型上可分为整形和半自然两种（图 6-33）。绿篱的平面图画法如图 6-34（a）所示，绿篱的立面图画法如图 6-34（b）所示，绿篱的透视画法如图 6-34（c）所示。

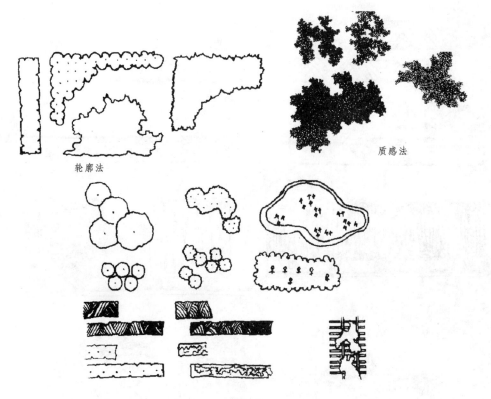

图 6-32 灌木平面表现图例

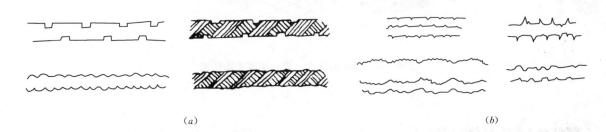

(a)   (b)

图 6-33 灌木的平面表现

(a) 规整式；(b) 自然式

三、草坪和草地的表现方法

草坪和草地的主要的表示方法不拘一格，常见的如图 6-35 所示。

1. 打点法

打点法是一种较简单且常用的一种方法，即用打点来表示草坪。其组图特点是点在轮廓线上密，向外疏，且点的大小应基本一致，无论疏密，点都要打得相对均匀。如图 6-35 (b) 所示。

2. 小短线法

将小短线排列成行，每行之间的间距相近，排列整齐地表示草坪，如图 6-35 (j) 所示；而排列不规则的可用来表示草地或管理粗放的草坪，如图 6-35 (d) 所示。

3. 线段排列法

线段排列法是最常用的作图方法，作图要点是要求线段排列整齐。具体作图方法有以下几种：

(1) 线段行间有断断续续的重叠，如图 6-35 (c) 所示。

(2) 线段也可稍许留些空白，如图 6-35 (e) 所示。

(3) 或者行间留白，如图 6-35 (f) 所示。

此外，也可用斜线排列表示草坪。

(4) 斜线排列方式规则，如图 6-35 (g) 所示。

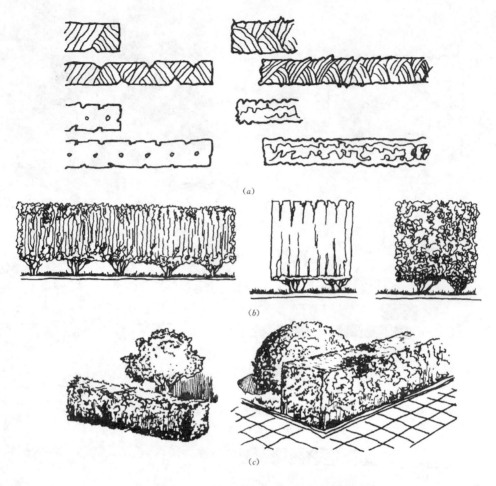

图 6 - 34　绿篱的平面、立面和效果图画法
(a) 平面图；(b) 立面图；(c) 效果图

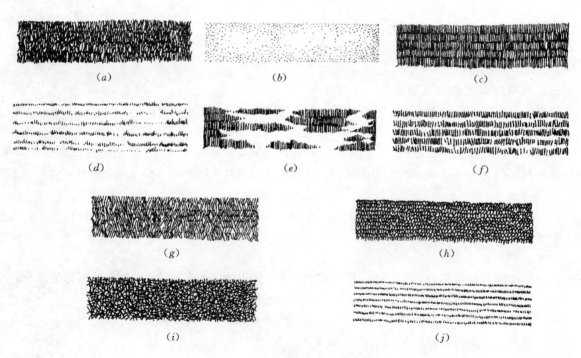

图 6 - 35　草地的不同表示方法

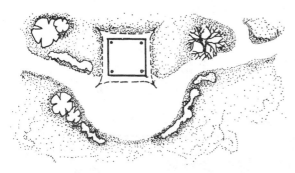

图 6-36 平面图中打点法表现草坪

（5）斜线排列方式随意，如图 6-35（a）所示。

除上述方法外，草坪和草地还可用乱线法，如图 6-35（i）所示；或 m 型线条排列法，如图 6-35（h）表示。

打点法实例：平面图用打点法表现草坪时，点应疏密有致。凡在草地边缘、树冠线边缘、建筑边缘的点一般画得密些，然后逐渐越画越疏，这样可生动自然，如图 6-36 所示。

效果图中常见的草坪与草地画法，如图 6-37 所示。

图 6-37 草地与绿篱

第二节 山石的表现方法

一、概述

山石的材质不同，其外形轮廓、表面的纹理等也不尽相同，所以在园林制图中表现的方法也不同。

平、立面图中的石块表示，通常只用线条勾勒轮廓，而很少采用光线、质感的表现方法，以免失之零乱。用线条勾勒时，轮廓线要粗些，石块面、纹理可用较细较浅的线条稍加勾绘，以体现石块的体积感。不同的石块，其纹理不同，有的圆浑、有的棱角分明，在表现时应采用不同的笔触和线条。

剖面上的石块，轮廓线应用剖断线，石块剖面上还可加上斜纹线。

如图 6-38 所示为石块平、立、剖面的表示方法。图 6-39 所示为水石的平面表示图例。

二、各类山石的表现方法

园林绿地中常见的山石形式是假山和置石。假山和置石采用的石材分别有湖石、黄石、青石、石笋、卵石等。

（一）湖石

即太湖石，为石灰岩风化溶蚀而成，太湖石石面上多有洞穴、沟缝等凹凸变化，其形态多变且玲珑剔透，其线条多用粗曲线来表达其曲折的自然外形轮廓。其块面上的纹理，皱、透、漏（洞穴）用细曲线来表达它的洞穴变化，如图 6-40 所示。

（二）黄石

黄石为细砂岩受气候风化逐渐分裂而成，其体形敦厚、棱角分明、纹理平直。

因此，其平、立面图多用直线或折线表达它的轮廓外形，并描以粗线。而其石面的纹理，则以细线、平直线来表达图 6-38。

（三）青石

青石是青灰色片状的细砂岩，其纹理多为相互交叉的斜纹，画时多用细线型，以直线和折线的方

。 **131** 。

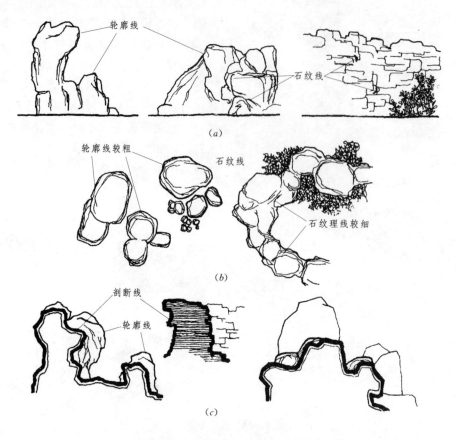

图 6-38 石块的平、立、剖面图画法

(a) 石块的立面图画法；(b) 石块的平面图画法；(c) 石块的剖面图画法

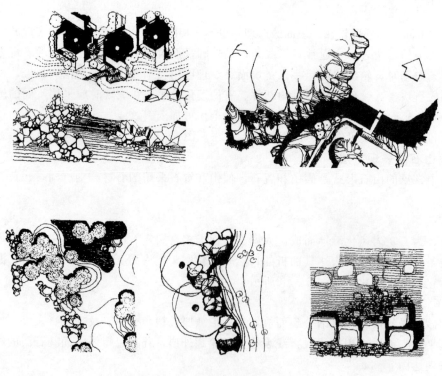

图 6-39 水石的平面表现图例

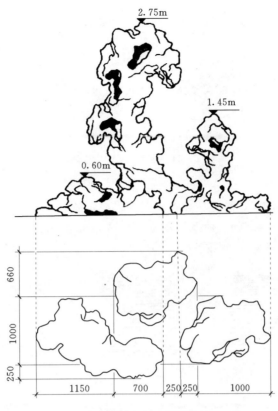

图 6 - 40　湖石的表现

式来表达。轮廓线仍用粗线。

（四）石笋

其外形长如竹笋出土一般，故名石笋，此类山石画时应以垂直细线来表达其纹理，有些也可用曲线。

（五）卵石

其体态圆润、表面光滑。因长期受水冲刷磨去了棱角。因此，其轮廓线以曲线来表达，在石面上用少量细曲线代表纹理加以修饰即可。

第三节　水体的表现方法

水是园林中最活泼的景观。不同的水景观给人以不同的心理感受。园林中的水体多为天然水体略加人工改造或掘池而形成。水体的类型按水体形式分为：自然式水体——保持天然的或模仿天然形状的河、湖、溪、涧、泉、瀑等；规则式水体——人工开凿成的几何形状的水面；混合式水体——两种形式的交替穿插或协调使用。

水体形式多样，但都是由水面和岸线组合而成。在平面图上，以岸线围合水面组成的水体表达了水体在园林绿地中的相对位置和形状；立面图或剖面图上则表达出水体岸线的组成结构和水域的深浅。

一、水面的平面表示方法

水面的表示可采用线条法、等深线法、平涂法、添景物法，前三种为直接的水面表示法，最后一种为间接的表示法，如图 6 - 41 所示。

（一）线条法

采用曲线、波纹线、水纹线或直线，使用工具或徒手法，把线条平行排列在水面上，这样排列的平行线条表示水面的方法称线条法。

作图时，既可以将整个水面全部用线条均匀地布满，也可以局部留有空白，或者只局部画些

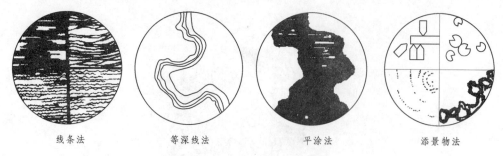

線条法　　　　　等深線法　　　　　平涂法　　　　添景物法

图 6-41　水的平面表现方法

线条。

　　线条法还可表现出水面的动、静感。静水或微波的水面多用直线或小波纹线表示，还可反映倒影产生的虚实对比感，如图 6-42 (*a*) 所示；动水面给人以欢快流畅的感觉，其画法多用大波纹线、鱼鳞纹线等动态活泼的线型表示，如图 6-42 (*b*) 所示。

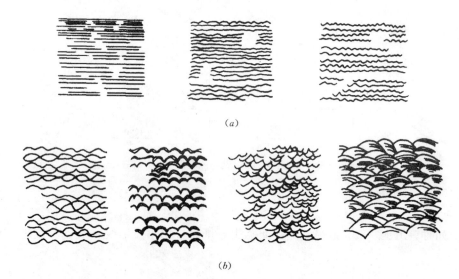

(*a*)

(*b*)

图 6-42　线条法表现水的动静感
(*a*) 静水水面表示阳光闪烁的画法；(*b*) 动水水面动感跳跃的画法

（二）等深线法

　　以岸线为基准，依岸线的曲折作两三根曲线，这种类似等高线的闭合曲线称为等深线。一般岸线以较粗的线表示，其内的两三根曲线可以理解为水位线，常用细线表示。这种方法常用于形状不规则的水面，如图 6-43 所示。

（三）平涂法

　　用水彩或墨水平涂来表示水面的方法称为平涂法。作图时，先作等深线，然后用水彩或墨水平涂水域，使离岸远的水面颜色深，离岸近的水面颜色浅；或不考虑深浅而均匀涂黑，如图 6-44 所示。

（四）添景物法

　　即利用与水面有关的一些内容来表示水面的一种方法。与水面有关的内容大致包括水生植物（如荷花、睡莲等）、水上活动工具（湖中的船只、游艇等）、码头、驳岸、渚、矶及水纹线、风吹起的涟漪、石块落入水中产生的水圈等，如图 6-45 所示。

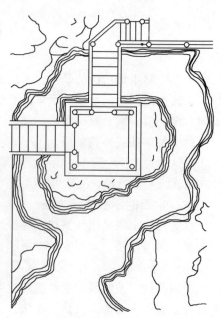

图 6-43　水的等深线表现方法

图 6 - 44　平涂法表现水体平面

二、水体的立面表示方法

水体的立面经常表现为喷泉、瀑布、跌水等，其常见的表现方法有线条法、留白法与光影法。

（一）线条法

即用细实线或虚线勾画出水体立面造型（或剖断面）。作图时需注意线条要与水体流动的方向保持一致，对水体造型要准确，特别是水体轮廓线要避免呆板生硬，如图 6 - 46 所示。

（二）留白法

即把水体的背景或配景画暗来衬托水体造型的一种表示方法。该方法适用于表现水体的洁白与光亮或水体的透视及鸟瞰效果，如图 6 - 47 所示。

（三）光影法

用线条结合色块（黑色或深蓝色）去综合表现水体的形状，并突出其轮廓和阴影的方法称光影法，如图 6 - 48 所示。

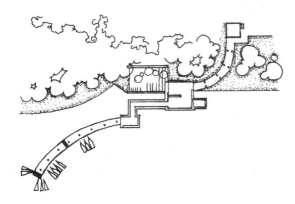

图 6 - 45　添景物法表现水体平面

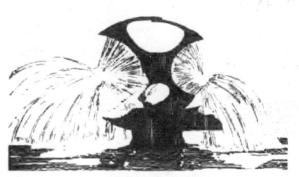

图 6 - 46　线条法表现水体形态示例

图 6 - 47　留白法表现水体示例

图 6 - 48　光影法表现水体示例

第四节 地形的表现方法

一、地形概述

地形即地表的外观，包括大地形、小地形和微地形。大地形复杂多样，一般属于风景区范畴，包括山谷、高山、丘陵、草原以及平原；小地形一般是就园林范围而言的，包括土丘、台地、斜坡、平地或因台阶和坡道所引起的水平面变化的地形；起伏最小的地形叫"微地形"，包括沙丘上的微弱起伏或波纹，或是道路上石头和石块的不同质地的变化。

在园林景观上，地形有很重要的意义，因其直接联系着众多的环境因素和环境外貌，且对景观的其他设计要素的作用和重要性起着支配性作用。风景园林师独特和显著的特点之一，就是具有灵敏地利用地形和熟练地使用地形的能力。

二、地形的平面表示

地形的平面表示主要采用图示和标注的方法。图示法包括等高线法、坡级法、分布法，可获得地形的直观表现；标注法则主要用来标注地形上某些特殊点的高程。

（一）等高线法

以某个参照水平面为依据，用一系列等距离假想的水平面切割地形后所得的交线的水平投影（俯视方向水平投影图）图是一系列的封闭曲线所组成，以此来表示地形的方法就是等高线法（图6-49）。等高线是假想的"线"，是一天然地形与某一高程的水平面相交所形成的交线投影在平面图上的线。

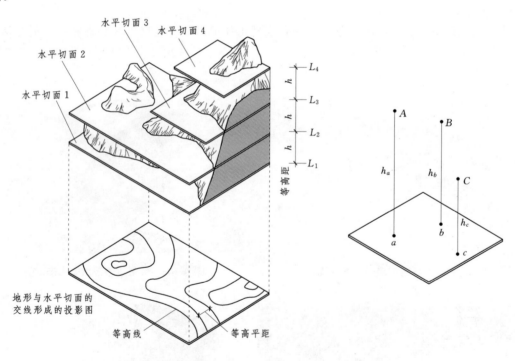

图 6-49 地形等高线法示意

两条相邻等高线切面之间的平距长度为 L，其垂直距离 h 称为等高距（或称等高差）。水平投影下的相邻等高线之间的平距 L（两线的垂直距离）与所选位置有关，所以是个变值；而等高距 h 是不变的，它常标注在图标上。例如，一个数字为 1m 的等高距，就表示在平面上的每一条等高线之间具有 1m 的海拔高度变化。等高距自始至终都在一个已知图示上保持不变，除非另有标注。综上所述，地形等高线图必须标注比例尺和等高距后才能解释地形。

一般的地形图中只用两种等高线：一种是基本等高线，以细实线表示，称为首曲线，表示原地形状况；另一种是每隔 4 根首曲线加粗一根并注上高程的等高线，称为计曲线（图 6 - 50）。在制图时一般对原地形的等高线用虚线表示，设计等高线用实线表示（图 6 - 51）。

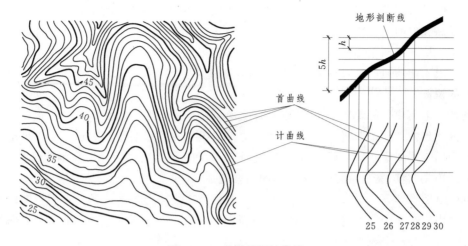

图 6 - 50　首曲线和计曲线

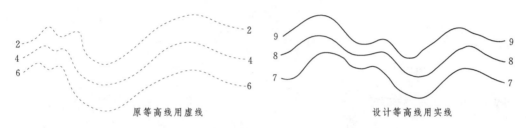

图 6 - 51　原等高线用虚线，设计等高线用实线

在使用等高线时，我们应牢记一些基本原则。

（1）原地形等高线应用虚线表示。

（2）改造后的地形等高线在平面图上用实线表示。

（3）同一条等高线上所有的点的标高相同。

（4）所有等高线总是各自闭合，决无尽头。在一个园址的范围内，各自闭合的等高线，一般说来其数值的大小，便意味着地形的高低。

（5）等高线一般不会相交、重叠或合并。换言之，单一的等高线决不会形成两条表示同一高度的等高线，见图 6 - 52（a）。对于一个初始辨认和绘制等高线的人来说，在平面图上描绘一个多峰山脊

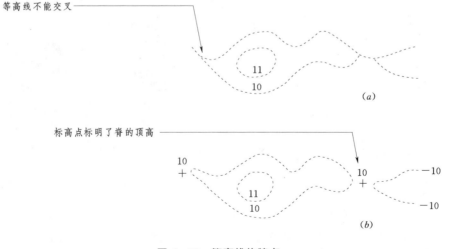

图 6 - 52　等高线的特点

高边时，必然会出现等高线的断裂。但是，接近山脊顶部或山谷底部的等高线画法，则不使用单一等高线来表示像山脊高峰那样的一度边缘。相反，这样的边缘通常被表示成一系列的标高点，见图6-52（b）。我们可以这样来理解，每一条等高线其一侧是较高点，而另一侧是较低点。较低点决不可同出现在一条等高线的两侧。特殊情况时，只有在悬崖处的等高线才可能出现相交的情况，在某些垂直于地面的峭壁、地坎或挡土墙、驳岸处的等高线才会重合在一起。

（6）等高线不能随便横穿过河流、峡谷、堤岸和道路等。

等高线的识读：

从某种意义上而言，等高线在平面图上的位置、分布及特征，就如同符号词汇，作为我们"辨认"一园址的地形之"标记"。例如，平面图上的等高线之间的水平距离表示一个斜坡的坡度和一致性。等高线间的水平间距相等，则表示均匀的斜坡，而间距不等，则表示不规则性斜坡。同样，那种等高线水平间距朝向坡底疏，而接近坡顶密的斜坡就是一种凹状坡；凸状坡的情形正好与此相反，底部密而顶部疏（图6-53）。山谷在平面图上的标志是等高线向上指向，即，它们指向较高数值的等高线；相反，山脊在平面图上的标志则是等高线向下指向，即，指向较低数值的等高线（图6-54）。

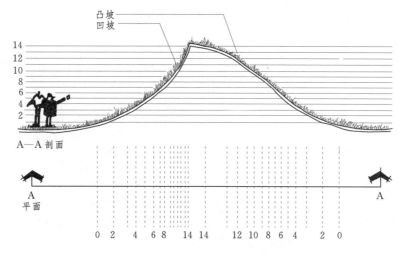

图6-53 识读等高线表现的凹坡与凸坡

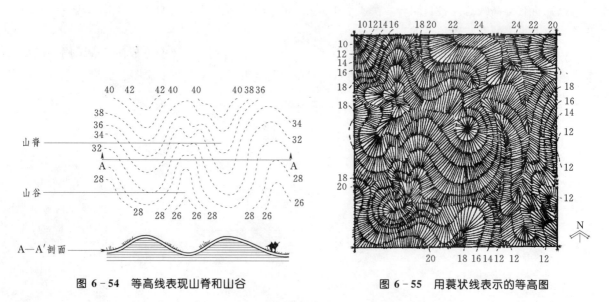

图6-54 等高线表现山脊和山谷　　　　图6-55 用蓑状线表示的等高图

此外，山谷和山脊在平面图上也可通过等高线的位置来辨认。凸状地形（勿与凸状斜坡相混）在平面上由同轴、闭合的中心最高数值等高线所表示；而凹状地形的表示则与此相反，即由同轴闭合，中心最低数值的等高线表示。此外，凹状地形最低数值等高线的绘制，乃是在等高线自身的内部，用短小的蓑状线表示（图6-55）。在辨认一个园址的等高线平面图时，有时难以单独辨认出某一种地形类型，这是因为它们常一道连续出现。如图6-56所示，我们可以看到，山谷的边也可能是一个山脊的边，同样，一个凸起的地形有可能紧挨着一个山脊而出现。

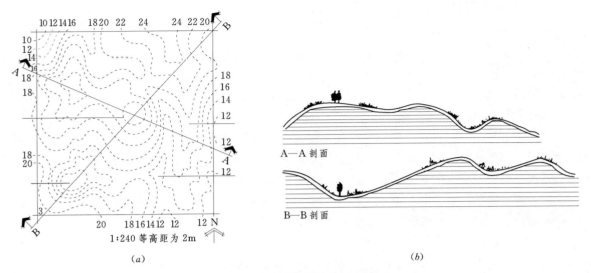

(a) 1:240 等高距为2m

(a)　　　　　　　　　　　　(b)

图6-56　园址中平面图与剖面图的对应

（a）等高线平面图；（b）等高线剖面图

（二）坡级法

在地形图上，用坡度等级表示地形的陡缓和分布的方法称作坡级法。坡级法是根据等高距的大小、地形的复杂程度、各种活动内容对坡度的要求来进行划分坡度的等级，并标注在图上。这种图式方法较直观，便于了解和分析地形，常用于基地现状和坡度分析图中。

地形坡级图的绘制方法如下（图6-57）。

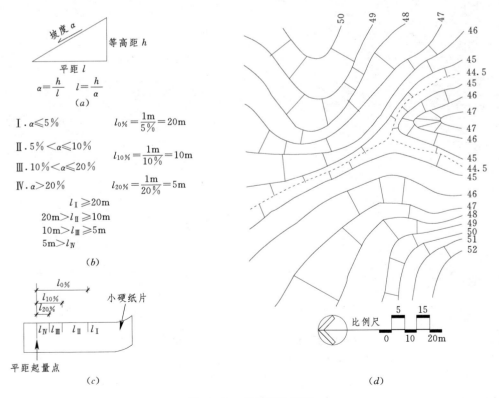

$$\alpha = \frac{h}{l} \qquad l = \frac{h}{\alpha}$$

(a)

Ⅰ. $\alpha \leqslant 5\%$ 　　　$l_{0\%} = \dfrac{1\text{m}}{5\%} = 20\text{m}$

Ⅱ. $5\% < \alpha \leqslant 10\%$ 　$l_{10\%} = \dfrac{1\text{m}}{10\%} = 10\text{m}$

Ⅲ. $10\% < \alpha \leqslant 20\%$ 　$l_{20\%} = \dfrac{1\text{m}}{20\%} = 5\text{m}$

Ⅳ. $\alpha > 20\%$

$l_{\text{Ⅰ}} \geqslant 20\text{m}$

$20\text{m} > l_{\text{Ⅱ}} \geqslant 10\text{m}$

$10\text{m} > l_{\text{Ⅲ}} \geqslant 5\text{m}$

$5\text{m} > l_{\text{Ⅳ}}$

(b)

(c)

(d)

图6-57　坡级图的作法

（a）坡度公式；（b）坡级及平距范围；（c）坡度尺；（d）用坡度尺量出各级坡度界限

首先确定坡度等级，然后在不同的坡度范围内用色或上线条。

（1）应用计算坡度公式：

$\alpha=(h/l)\times100\%$，其中 $\alpha=$ 坡度%，$h=$ 高差（m），$l=$ 水平间距（m）

$\alpha=(h/l)\times100\%$，$l=(h/\alpha)\times100\%$

如：$\alpha\leqslant5\%$，则求平距 $l_{5\%}=1/5\%=20$（m）

$5\%<\alpha\leqslant10\%$，$h=1m$，则 $l_{10\%}=1/10\%=10$（m）

$10\%<\alpha\leqslant20\%$，$h=1m$，则 $l_{20\%}=1/20\%=5$（m）

$\alpha>30\%$，……

（2）算得平距范围：$l_1\geqslant20m$，$20m\geqslant l_2\geqslant10m$，$10m\geqslant l_3\geqslant5m$，$5m\geqslant l_4$。

（3）算出临界平距，划分出等高线平距范围。然后用硬纸片做成标有临界平距的坡度尺，或者用直尺去量找相邻等高线间的所有临界平距范围。量找时，应尽量保证坡度尺或直尺与两根相邻等高线相垂直，当遇到间曲线（图6-57中用虚线表示的等高距减半的等高线）时，临界平距要相应减半。

（4）根据平距范围确定出不同坡度范围（坡级）内的坡面，并用线条或色彩加以区别。

（5）常用的区别方法有影线法（图6-58）、单色和复色渲染法。

（三）分布法

分布法是地形的另一种直观表示法，将整个地形的高程划分成间距相等的几个等级，并用单色加以渲染，各高度等级的色度随着高程从低到高的变化也逐渐由浅变深。由此绘出的图又称"坡度分析图"，也是一种用以表达和了解某一特殊园址地形结构的手段。该图以斜坡坡度为基准，图上深色调一般代表较大的坡度，而浅色则代表较缓的斜坡（图6-59）。坡度分析图的价值在于它能确定园址不同部分的土地利用和园林要素选点，该图通常在设计过程中的园址分析阶段予以绘制。其作为分析工具的作用与被确定的斜坡类型数目有关，同时也与每一类斜坡的坡度百分比有关，这些类型的确定与园址原有地形的复杂性以及所设想的土地利用程度有关。

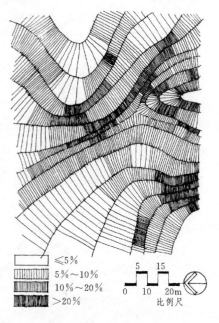

图6-58 影线坡级图

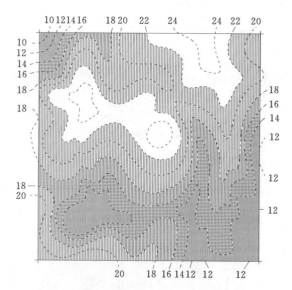

图6-59 分布法——高度变化明暗图

例如，对于拟建居民住宅来说，其分析步骤如下：0～1%斜坡，太平坦但不利于排水；1%～5%斜坡，理想的地形条件，只需最小程度的挖方；5%～10%斜坡，适于楼房建造，但需在坡度较高范围内更仔细地选址；10%～15%斜坡，住宅单元需呈错层状，并与等高线平行，以减少挖填土方量，同时还需建造挡土墙；15%以上的斜坡，住宅需采用特殊建筑方式进行修建，如支撑柱式工程。

只有当设计师着手对坡度类型进行评价和做结论时，坡度分析图才能真正发挥其"分析"作用。

（四）高程标注法

在平面图或剖面图上，另一种表示海拔高度的方法叫高程标注法，即用标高点标注地形图中的某些特殊点，如图6-60所示。

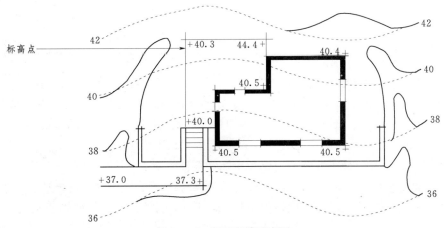

图6-60　地形的高程标注

标高点常见于平面图或剖面图上。所谓标高点，就是指高于或低于水平参考平面的某单一特定点的高程。标高点在平面图上的标记是一个"＋"字记号或一圆点，并在这些标记符号旁注上相应的数值。一般的，等高线是由整数来表示，这是因为它们表示高于或低于一已知参考面的整个测量单位；然而由于标高点常位于等高线之间而不是之上，因而他们常用小数来表示，如一个标高点可能是40.4或75.15。标高一般用来描绘这些点的高度，如建筑物的转角、顶点、低点、墙体、台阶顶部和底部等。因此，场地平整、场地规划等施工图中常用高程标注法。

三、地形平面的其他表示

地形的表示除了以上图示和标注法外，在室外空间设计中，还常用两种数学法来表示斜坡的倾斜度，即比例法和百分比法。

所谓比例法，就是通过坡度的水平距离与垂直高度变化之间的比率来说明斜坡的倾斜度，其比例值为边坡率，如5:1、3:1等。通常，第一个数表示斜坡的水平距离，第二个数则表示垂直高差，通常将其简化为1，如图6-61所示。

比例法常用于小规模园址设计上。通常，我们也用比例法来提供设计地形的标准和准则。如：

2:1——不受冲蚀的地基上所允许的最大绝对斜坡。所有2:1的斜坡都必须种植地被植物或其他植物，以防止冲蚀。

3:1——大多数草坪和种植区域所需的最大斜坡。

4:1——可用剪草机进行养护的最大坡度。

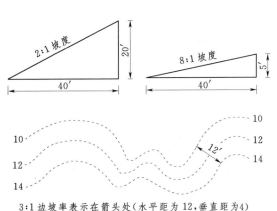

3:1边坡率表示在箭头处（水平距为12，垂直距为4）

图6-61　比例法表示地形

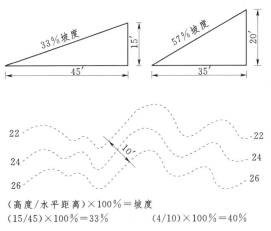

（高度/水平距离）×100％＝坡度
（15/45）×100％＝33％　　　　（4/10）×100％＝40％

图6-62　百分比法表示地形

另一种用数学方式来表示坡度的方法叫百分比法。坡度的百分比即斜坡的垂直高差与斜坡水平距离的比值。如一个斜坡在水平距离为50m内上升10m，那么其坡度百分比就是（10/50）×100％＝20％，如图6-62所示。

百分比法是制作坡度分析图的基础，使用比较广泛，经常被用来制定设计标准和尺度。如：

0～1％：过于平坦。这种比例的斜坡总的来说排水性差。因此，除了适宜作为受保护的潮湿地外，这种地形几乎不适宜作室外空间的利用和使用功能的开发。1％的坡度最好让其成为一片开阔地或是一片保护区，在这些区域偶尔出现的积水，一般不会带来副作用。

1％～5％：这是一种理想的坡度。它可为外部的开发提供最大的机动性，并最适应大面积工程用地的需要，如楼房、停车场、运动场等，而且不会出现平整土地的问题。不过，这种坡度的空间存在一个潜在的缺点，即如果该空间在一片区域内延伸过大，就会产生视觉上的单调乏味。此外，如果这类斜坡的坡度较平缓，在不透水土壤上的排水就会成为一个问题。

1％的坡度：这是假定的最小坡度，主要是草坪和草地。

2％的坡度：这是适合草坪运动场的最大坡度。就这种斜坡而言，它同样适合平台和庭院铺地。

3％的坡度：这一比例使地面倾斜度显而易见。若低于3％的比例，地面则相对呈水平状。

5％～10％的坡度：这一坡度的斜坡可适合多种形式的土地利用。不过，应结合斜坡的走向，合理安排各种工程要素。在这种坡度上若配置较密集的墙体和阶梯，完全可能创造出动人的平面变化。此外，这种坡度的排水性较好，但若不加以控制，排水很可能会引起水土流失。作为人行道来说，10％的坡度是最大极限坡度。

10％～15％的坡度：这是一种起伏型的坡度。对于许多土地利用来说，这种坡度有过于陡峭的感觉。为了防止水土流失，就必须尽量少动土方，所有主要的工程设施须与等高线相平行，并使它们与地形在视觉上保持和谐。在该种斜坡的高处，通常视野开阔，能观察到四周的景观。

大于15％的斜坡：因其陡峭而大多数不适于土地利用。不过，若对该种状况的地形使用得当，便能创造出独特的建筑风格和动人的景观。

四、地形剖面图的作法

依据地形平面图，选取剖切平面的恰当位置，然后绘制出剖断的地形的立面投影状态下地形的轮廓线，并加以表现，便可得到较完整的地形剖面图。

（一）地形剖断线的作法

常用的较简单的作法如下：

（1）在描图纸上按比例画出间距等于地形等高距的平行线组，将其覆盖到原地形平面图上，并使平行线组和剖切位置相吻合，即平行线上的每一条线，均为剖切位置线，只是代表的高程不同而已。

（2）利用丁字尺和三角板作出等高线与剖切位置线的交点，如图6-63（a）所示，然后用光滑的曲线把这些交点连起来，并加粗该曲线，即得地形剖断线，见图6-63（b）。

（二）垂直比例（立面高度问题）

地形剖面图的水平比例应与原地形平面图的比例一致，其垂直比例（立面高度）可根据地形情况进行放大或缩小的处理。如，当原地形平面图的比例过小、地形起伏不明显时，可将其垂直比例扩大5～20倍。

不同的垂直比例所作出的地形剖面图的起伏不同，且水平比例与垂直比例不一致时，应在地形剖面图上同时标明这两种比例。如图6-64所示。

（三）地形轮廓线（剖面图）

为了表达某地域的地形地貌或某景点的立面效果，在地形剖面图中除需表示地形剖断线外，有时还需表示地形剖断面后没有剖且但又可见的内容，这时可见地形就用轮廓线来表示。也就是说，地形剖面图包含地形剖断线和地形轮廓线两部分。

求作地形轮廓线实际上就是求作该地形的地形线（剖断线）和外轮廓线（可见地形）的正投影（图6-65）。如图中所示，地形剖面图中剖断线用粗实线表示，没有剖且但可见的地形轮廓线用中粗线表示。

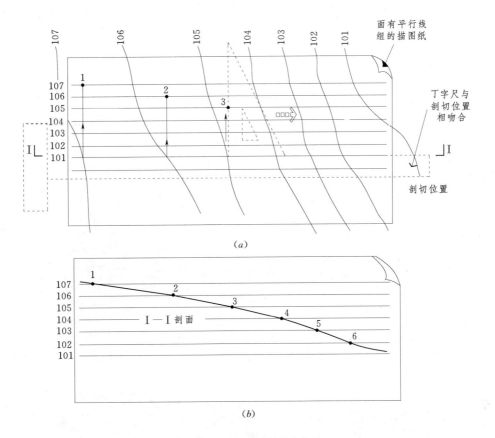

图 6-63　地形剖断线的作法

（a）先用描图纸直接覆盖原地形上求出相应的交点；（b）将这些交点用光滑的曲线连起来

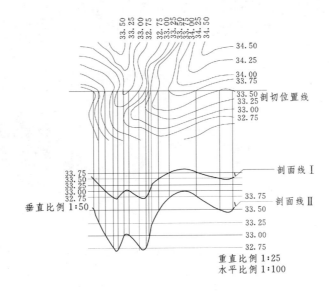

图 6-64　地形断面的垂直比例

地形轮廓线的作法：图 6-65 中虚线表示垂直于剖切位置线的地形等高线的切线，将其向下延长，与等距平行线组中相应的平行线相交，所得交点的连线就是地形轮廓线。

其他要素立面的作法：对于树木、建筑小品等造园要素，按其在平面位置和所处的高度（高程）定到地形轮廓线上，然后按照比例关系，作出它们的立面图，并根据前后关系擦除被挡住的图线即可。

根据以上可知，有地形轮廓线的剖面图作法较繁杂，所以，在平地或地形较平缓情况下，可不作地形轮廓线，或以中粗直线来表达地形轮廓线（图6-66）。

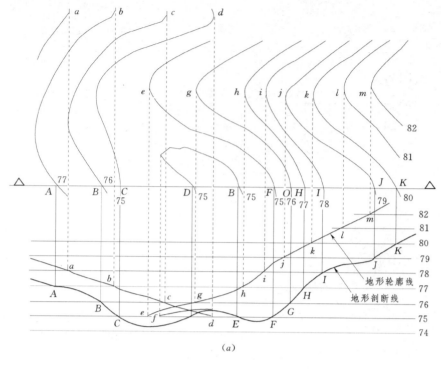

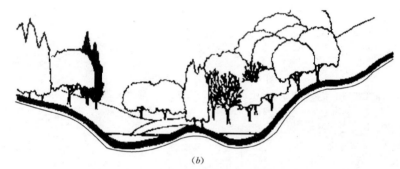

图 6-65　地形轮廓线剖面图的作法

图 6-66　不作地形轮廓线的剖面图

第五节　园路的表现方法

一、园路概述

园路在园林中的作用主要是引导游览、组织景区和划分空间。园路的美主要体现在园路平竖线条的流畅自然和路面的色彩、质感以及图案的精美，再加上园路与所处环境的协调。园路按其性质和功能可分为主要园路、次要园路和游憩小路三种类型。

主要园路和次要园路是通向景园各主要景点、主要建筑及管理区的道路。它们的路宽分别是 4～

6m 及 2~4m，且路面平坦，路线自然流畅。游憩小路是用以散步休息、引导游人深入景园各个角落的园林道路。其宽度多为 1~2m，且路面多平坦，也可根据地势起伏有致。

在园林制图中，一般用平面图和断面图对园路进行表现。园路平面图即俯视图，可以展示园路的延伸线型、路的宽度、路的形式及路面铺装式样等；园路断面图即园路纵向或横向在剖断状态下的投影图，能够显示出并表达园路的构筑工艺与具体尺寸，常用于指导园路的施工。

二、园路平面图的表现

主要园路和次要园路的平面图画法较为简单，一般以道路中线为基准，用流畅的曲线画出路面的两条边线即可，较宽的园路线型相对较粗，如图 6-67 所示。

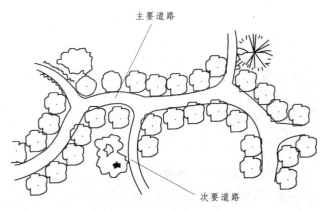

图 6-67 主要园路和次要园路

游憩小路的平面图画法，由于路面铺装材料的丰富，画法不一。可用两细线画出其路面宽度，也可按照路面的装饰材料示意画出，如图 6-68 所示。园林游憩小路常用的路面铺装材料有各种水泥预制块、方砖、条石、碎石、卵石、瓦片、碎瓷片等，这些材料可单独使用，也可相互结合形成具有装饰性和艺术性的图案，丰富园林景观；在古典园林中，还常用各种材料铺成代表吉祥的各种花卉或动物的图案，非常精美。图 6-69 所示为园林道路铺装的画法举例。

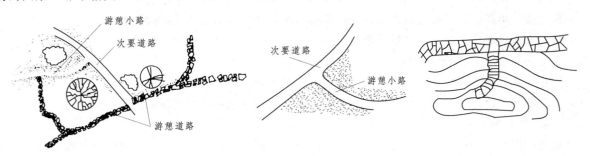

图 6-68 游憩小路的平面图画法

图 6-69 园林道路铺装式样图例

此外，需要注意的是，园路有转角或衔接时，一般将转角处理成圆弧状，再接直线，如图 6-70 所示。

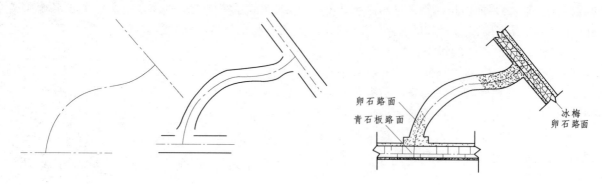

卵石路面
青石板路面
冰梅
卵石路面

图 6 - 70　园路转角处作弧形处理

三、园路断面图的表现

一般常见的有纵断面表现和横断面表现两种图示。

（一）纵断面表现方法

纵断面图一般用来表达园路的走向、起伏状况以及设计园路纵向坡度状况与原地形标高的变化关系。其作法为：

（1）按已规划好的园路走势确定并标出各个控制点的标高。如路线起点至终点的地面标高、两园路相交时道路中心线交点的标高、铁路的轨顶标高、桥梁的桥面标高、特殊路段的路基标高、设计园路与原地面标高等。

（2）确立设计线。经过道路的纵向"拉坡"，确定道路设计线。所谓拉坡，就是综合考虑道路平面和横断面的填挖土方工程量以及道路周边环境情况，而确定出的道路纵向线型。

（3）设计竖曲线。根据设计纵坡角的大小，选用竖曲线半径并进行有关计算，以设计竖曲线。当外距小于 5cm 是，可不设竖曲线。

（4）标注其他要素。如桥、涵、驳岸、闸门、挡土墙等的具体位置及标高。

（5）绘制道路纵断面图。综合以上线型与数据，就可绘制道路的纵断面图了。

（二）横断面表现方法

道路的横断面图能直接表现道路绿化的断面布置形式。一般来说，进行道路的横断面设计，所涉及的内容主要有：车行道、人行道、路肩（路牙）、绿带、地上及地下管线共同敷设带、排水沟道、电杆、分车岛、交通组织标志、信号和人行横道等，如图 6 - 71 所示。

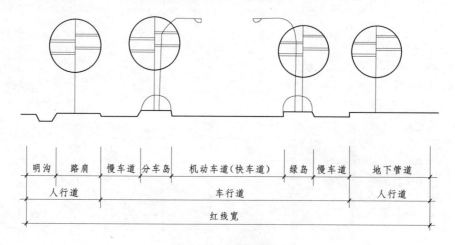

明沟	路肩	慢车道	分车岛	机动车道（快车道）	绿岛	慢车道	地下管道
人行道				车行道			人行道
				红线宽			

图 6 - 71　道路横断面

道路断面常见的基本形式有一块板、两块板和三块板等。相应的，道路绿化断面布置形式就有一板两带式、两板三带式、三板四带式、四板五带式等。

（1）一块板：所有机动车和非机动车都在一条车行道上混合行驶，在两侧人行道上种植行道树，称为一板二带式（带指绿化带），见图6-72（a）。这种形式的道路简单整齐、用地经济、管理方便，但景观单调，不能解决各种车辆混合使用的矛盾。多用于小城市或车辆较少的街道。

图6-72　道路断面形式

（2）两块板：在车行道中央设置一条分隔带或绿地，把车行道分成单向行驶的两条车道，在人行道两侧种植行道树，称为两板三带式，见图6-72（b）。分隔带上不种乔木，只种草皮或不高于70cm的灌木。其优点是可以减少对向车流之间相互干扰和避免夜间行车时对向车流之间头灯的炫目照射而发生车祸，有利于绿化、照明、管线铺设，且绿带数量大，生态效益显著；缺点是仍不能解决机动车和非机动车混合行驶、互相干扰的矛盾。多用于高速公路和入城道路等比较宽阔的道路。

（3）三块板：用两条分隔带把车行道分成三块，中间为机动车道，两侧为非机动车道，连同车道两侧的行道树共有四条绿化带，称为三板四带式，见图6-72（c）。这种形式的道路遮荫效果好，在夏季能使行人和各种车辆驾驶者感觉凉爽舒适，同时解决了机动车和非机动车混合行驶相互干扰的矛盾，组织交通方便，安全系数高。在非机动车较多的情况下采用这样断面形式比较理想。

（4）四块板：用三条分隔带将车道分成四条，使机动车和非机动车都分上下行，各行车道互不干扰，称为四板五带式，见图6-72（d）。其优点是行车安全，缺点是用地面积较大。有时候为了节约用地面积，也采用高60cm左右的栏杆代替绿化分隔带。

（三）园路结构断面的表现方法

道路结构断面图是道路施工的重要依据。道路结构断面图除了要表达道路各构造层的厚度、材料，还要加上一定的文字说明、技术要求以及标注。因此，该图上必须包含图例（材料）和文字标注（技术要求）两部分内容，如图6-73所示。

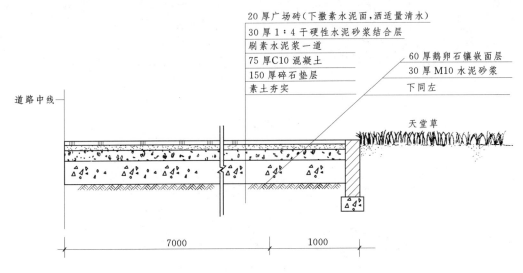

图6-73　道路铺装结构断面图（结构大样图）

不同的材料，要用不同的图例表示，常见的岩石类、卵石、钢筋混凝土、宿土混凝土、块石、水泥、黄砂、碎石、灰土、素土等，如图6-74所示。

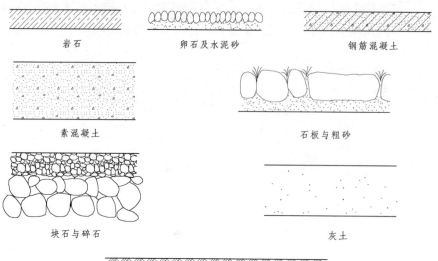

岩石　　　　卵石及水泥砂　　　　钢筋混凝土

素混凝土　　　　　　石板与粗砂

块石与碎石　　　　　　灰土

素土夯实

图 6-74　各种道路铺装材料的画法

图 6-75 所示为园路的效果图表现举例。

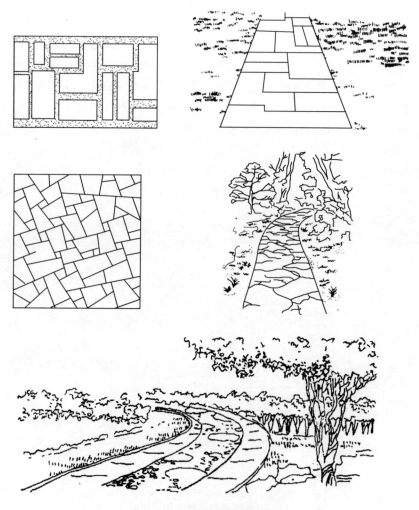

图 6-75　园路的透视画法示例

第七章

AutoCAD 计算机辅助制图

　　随着科技的发展，尤其是计算机技术的发展，景观园林制图也逐步采用计算机辅助设计技术，由于计算机辅助设计具有便于保存、便于修改、便于交流的优势，在园林设计、施工等过程中得到广泛的使用，计算机制图已经成为设计师或其他专业人员必备的一项技能。

第一节　概　　述

　　现在各大软件开发公司研制出了许多的专业制图软件，其中应用最为广泛的是 Autodesk 公司研发的 AutoCAD。

一、AutoCAD 发展历程回顾

　　AutoCAD 是由美国 Autodesk 公司于 20 世纪 80 年代初为微机上应用 CAD 技术而开发的绘图程序软件包，经过不断地完善，现已经成为国际上广为流行的绘图工具。

　　AutoCAD 可以绘制任意二维和三维图形，并且同传统的手工绘图相比，用 AutoCAD 绘图速度更快、精度更高，而且便于个性，它已经在航空航天、造船、建筑、机械、电子、化工、美工、轻纺等很多领域得到了广泛应用，并取得了丰硕的成果和巨大的经济效益。

　　AutoCAD 具有良好的用户界面，通过交互菜单或命令行方式便可以进行各种操作。它的多文档设计环境，让非计算机专业人员也能很快地学会使用，在不断实践的过程中更好地掌握它的各种应用和开发技巧，从而不断提高工作效率。

　　AutoCAD 具有广泛的适应性，它可以在各种操作系统支持的微型计算机和工作站上运行，并支持分辨率由 320×200 到 2048×1024 的各种图形显示设备 40 多种，以及数字仪和鼠标器 30 多种，绘图仪和打印机数十种，这就为 AutoCAD 的普及创造了条件。

　　AutoCAD 的发展过程可分为初级阶段、发展阶段、高级发展阶段、完善阶段和进一步完善阶段五个阶段。

　　在初级阶段里，AutoCAD 更新了五个版本：

　　1982 年 11 月，首次推出了 AutoCAD 1.0 版本；1983 年 4 月，AutoCAD 1.2 版本；1983 年 8 月，AutoCAD 1.3 版本；1983 年 10 月，AutoCAD 1.4 版本；1984 年 10 月，AutoCAD 2.0 版本。

　　在发展阶段里，AutoCAD 更新了以下版本：

　　1985 年 5 月，推出了 AutoCAD 2.17 版本和 2.18 版本；1986 年 6 月，AutoCAD 2.5 版本；1987 年 9 月后，陆续推出了 AutoCAD 9.0 版本和 9.03 版本。

在高级发展阶段里，AutoCAD 经历了三个版本，使 AutoCAD 的高级协助设计功能逐步完善。它们是 1988 年 8 月推出的 AutoCAD 10.0 版本、1990 年推出的 11.0 版本和 1992 年推出的 12.0 版本。

在完善阶段中，AutoCAD 经历了三个版本，逐步由 DOS 平台转向 Windows 平台：

1996 年 6 月，AutoCAD R13 版本问世；1998 年 1 月，推出了划时代的 AutoCAD R14 版本；1999 年 1 月，AutoCAD 公司推出了 AutoCAD 2000 版本。

在进一步完善阶段中，AutoCAD 经历了几个版本，功能逐渐加强。

本章以 AutoCAD 2007 简体中文版为主，讲解 AutoCAD 绘制园林图的知识与技巧。

二、AutoCAD 绘制园林图的优势

CAD 是建立在图形学、应用数学和计算机科学三者的基础上，应用计算机及其图形输入、输出设备，实现图形显示、辅助设计与绘图的一门新兴学科，与手工绘图相比具有如下优势。

（1）提高绘图效率：CAD 具有极高的绘图精确度，作图迅速，图形易于修改、利用和管理，同时 CAD 具有强大的复制功能，能够帮助人们从繁重的重复劳动中脱离出来，用更多的时间来思考设计的合理性。

（2）便于设计资料的组织、存储及调用：设计图可以存储在优盘、光盘、移动硬盘等介质中，节省存储费用，还可以复制多个副本，加强资料的安全性。在设计过程中，通过 CAD 可以快速调用以前的设计资料，提高设计效率。

（3）标语设计方案的交流、修改：互联网的发展使得各地的设计者、施工人员可以对设计进行交流、修改，大大提高了设计的合理性，提高了工作效率。

（4）设计方案表现更直观：通过 CAD 的三维设计功能，可以快捷地生成多视角的三维透视图，或做成漫游动画，更直观地感受设计。

第二节　快　速　入　门

一、AutoCAD 系统

（一）进入系统

通常，用户先进入"开始"菜单，在"程序"项中，找到 AutoCAD 2007 的图标，单击即可。最简单的方式就是双击在桌面上的 AutoCAD 2007 的快捷方式，直接进入 AutoCAD 系统。

（二）系统界面

每次启动 AutoCAD，都会打开 AutoCAD 窗口。这一窗口是用户的工作空间，它包括用于设计和接收设计信息的基本组件。如图 7-1 显示了 AutoCAD 系统窗口的一些主要部分，下面针对 Auto-CAD 窗口加以介绍。

1. 菜单栏

菜单栏包含缺省 AutoCAD 菜单。菜单由菜单文件定义，用户可以修改或设计自己的菜单文件。此外，安装第三方应用程序可能会使菜单或菜单命令增加。一般情况下选用默认形式即可。

2. 标准工具栏

标准工具栏包括常用的 AutoCAD 工具，还有一些 Microsoft Office 标准工具。右下角带有小黑三角的工具按钮是弹出图标。弹出图标表示这一位置还包含了若干工具，这些工具可以执行与第一个工具有关的命令。在工具图标上单击鼠标左键，并按住，就会显示弹出图标，按住鼠标并拖动到对应的图标上，就可以执行相应的命令。

3. 图形文件图标

代表 AutoCAD 中的图形文件。图形文件图标还显示于对话框的某些选项附近。这些选项将随图

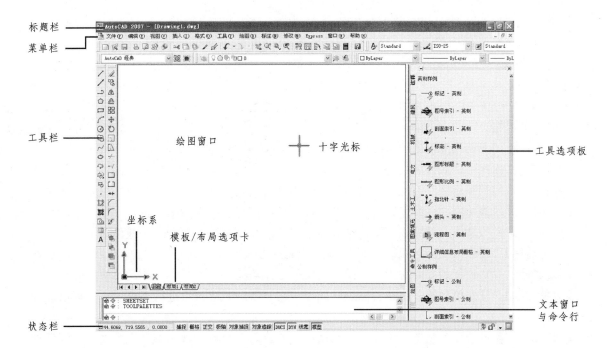

图 7-1 AutoCAD 窗口

形一起保存而不是在每个 AutoCAD 任务中都有效。

4. 对象特性工具栏

设置对象特性（例如线型、线宽、颜色）以及对文件中的各个元素进行管理。

5. 绘制和修改工具栏

集中列出常用的绘制和修改命令。绘图和修改工具栏在启动 AutoCAD 时就显示出来。这些工具栏位于窗口左边，可以方便地移动、打开和关闭。

6. 绘图区域

显示图形、用于绘图的区域。根据窗口大小和显示的其他组件（例如工具栏和命令行）的数目，绘图区域的大小将有所不同。

7. 十字光标

在绘图区域中用于标识拾取点和绘图点。十字光标由定点设备控制，如：鼠标，可以使用十字光标定位点、选择和绘制对象。

8. 用户坐标系（UCS）图标

用于显示图形方向。AutoCAD 图形是在不可见的栅格或坐标系中绘制的。坐标系以 X、Y 和 Z 坐标为基础。AutoCAD 有一个固定的世界坐标系（WCS）和一个活动的用户坐标系（UCS）。查看显示在绘图区域左下角的 UCS 图标，可以了解 UCS 的位置和方向。

9. 模型/图纸选项卡

可以在模型空间和图纸空间来回切换。一般情况下，先在模型空间创建图形，然后创建布局绘制和打印图纸空间中的图形。

10. 命令窗口

命令窗口用于显示或输入命令和相关信息。在 AutoCAD 中，有三种方式启动命令：从菜单或快捷菜单中选择菜单项；单击工具栏上的工具图标按钮；在命令行输入命令。但是，即使是从菜单和工具栏中选择命令，AutoCAD 也会在命令窗口显示命令提示和命令记录。如果对于 AutoCAD 的命令、参数等非常熟悉的话，利用键盘在命令行输入命令是最快捷的方式。

11. 状态栏

状态栏位于窗口的最下部，其中包括的内容较多。状态栏的左侧显示框用于显示光标所在位置的坐标。右侧依次排列着一些按钮，使用这些按钮可以打开常用的绘图辅助工具。这些工具包括"捕捉"、"栅格"、"正交"、"极轴"、"对象捕捉"、"对象追踪"、"线宽"、"模型"等。具体内容如下：

【捕捉】 开启或关闭捕捉功能。按下状态为开启捕捉功能，情动捕捉模式后，光标只沿 X 轴、Y 轴移动，并且根据设定的 X 轴间距、Y 轴间距呈跳跃式移动。将光标移到该按钮处单击右键弹出快捷菜单，根据绘图需要相应设置"捕捉 X 轴间距"、"捕捉 Y 轴间距"等项。

【栅格】 又称网格。该按钮处于按下状态时，屏幕上显示网格点。各网格间的距离可在"草图设置"对话框的"捕捉和栅格"面板的"栅格"一栏中进行设置。该功能主要配合捕捉功能使用。

【正交】 开启该功能，系统以正交方式绘图，即操作仅能沿着坐标轴向进行。

【极轴】 开启该功能，系统以极坐标形式显示定位点并随光标移动指示当前的极坐标。

【对象捕捉】 开启该功能，系统将根据设定的捕捉方式对图形元素中特殊几何点（如端点、中点、圆心、切点等）进行捕捉。在工程绘图中经常使用该功能。

【对象追踪】 开启该功能，启动自动追踪功能，它可以对图形对象进行正交追踪也可以进行极轴追踪。

【线宽】 启动该功能，则图形中显示有宽度属性的线条，否则不管线条宽度为多少，屏幕总以系统默认的宽度显示（有宽度属性的多义线除外）。建议绘图过程中不开启该功能，因为开启该功能将消耗较大的计算机内存空间，降低运行速度。

【模型/图纸】 在图纸布局状态，单击该按钮，图纸在模型空间与图纸空间切换。当启动图纸空间时，不能对图形进行编辑操作，当处于模型空间时，则可以对图纸中的图形进行编辑操作。

（三）AutoCAD 的工具栏

默认状态下，AutoCAD 2007 提供了 37 个工具栏，以方便用户访问常用的命令、设置模式。缺省情况下显示"标准"工具栏、"对象特性"工具栏、"绘图"工具栏和"修改"工具栏。

1. 显示或关闭工具栏

（1）在工具栏的背景或标题栏的任何地方单击右键，就会出现工具栏列表。

（2）在工具栏列表中，点击要显示或关闭的工具栏。前面带"√"的表示该工具栏已经打开。

除了上面的方法以外，还可以在命令行输入"Toolbar"命令开启工具栏对话框。

可以一次显示多个工具栏，也可以固定或浮动工具栏。固定工具栏将工具栏锁定在 AutoCAD 窗口的顶部、底部或两侧。浮动工具栏可以在屏幕上自由移动。可以使用定点设备移动浮动工具栏，也可以将其覆盖到其他浮动或固定工具栏上。还可以隐藏工具栏，直到需要它们时再显示出来。

2. 自定义工具栏

右键单击工具栏任何地方，点选"自定义"弹出"自定义用户界面"对话框，如图 7-2 所示。在对话框左上角有"自定义"和"传输"两个选项，点选"自定义"，有上下两个面板"所有 CUI 文件中的自定义"和"命令列表"。在下边的"命令列表"面板中找到你想自定义的命令，左键点中，不松开（以选取"起点、端点、半径"命令为例）向上拖到"所有 CUI 文件中的自定义"面板的任意工具栏的任意位置（以"对象捕捉"工具栏为例），松开。如果想要删除某命令，可在"所有 CUI 文件中的自定义"面板中选中它，点击右键，点选"删除"命令即可。最后，在"自定义用户界面"对话框的右下角点"应用"再点"确定"。自定义工具栏完成。如图7-3、图 7-4 所示。

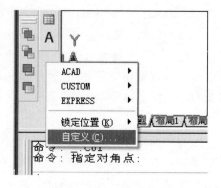

图 7-2 自定义工具栏步骤一

图 7-3 自定义工具栏步骤二　　　　　图 7-4 自定义工具栏步骤三

二、AutoCAD 2007 的基本操作

AutoCAD 的操作与计算机命令相互对应，可以通过多种形式来完成：点击工具栏上相应的图标；点击菜单栏中对应的命令；使用快捷菜单；命令行输入命令。

下面针对 AutoCAD 2007 的基本操作进行介绍。

（一）图形文件操作

在 AutoCAD 2007 中，图形文件管理包括创建新的图形文件、打开已有的图形文件、关闭图形文件及保存图形文件等操作。

1. 创建新图形文件

选择"文件"菜单中的"新建"命令，或在"标准"工具栏中单击"新建"按钮，此时将打开"选择样板"对话框，如图 7-5 所示。

图 7-5 创建新图形文件

在"选择样板"对话框中，可以在"名称"列表框中选中某一样板文件，在其右面的"预览"框中将显示出该样板的预览图像。单击"打开"按钮，可以以选中的样板创建新图形，此时会显示图形文件的布局，如图7-6所示。

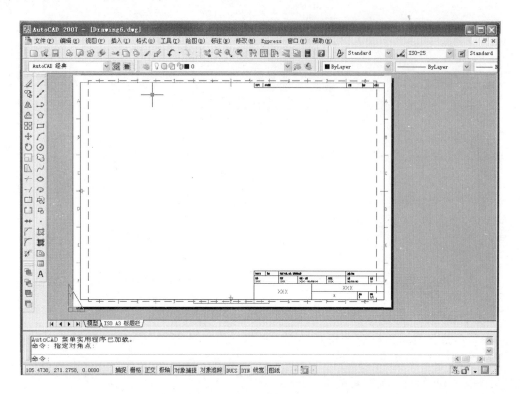

图 7-6   图形文件布局

2. 打开图形文件

选择"文件"菜单中的"打开"命令，或在"标准"工具栏中单击"打开"按钮，打开"选择文件"对话框，如图7-7所示，选择需要打开的图形文件。默认情况下，打开的图形文件的格式为.dwg。

图 7-7   打开图形文件

3. 保存图形文件

在 AutoCAD 2007 中，可以使用多种方法将所绘制图形以文件形式存盘。例如，可以选择"文件"菜单中的"保存"命令，或在"标准"工具栏中单击"保存"按钮，以当前使用的文件名保存图形；也可以选择"文件"菜单中的"另存为"命令，将当前图形以新的名称保存，如图 7-8 所示。

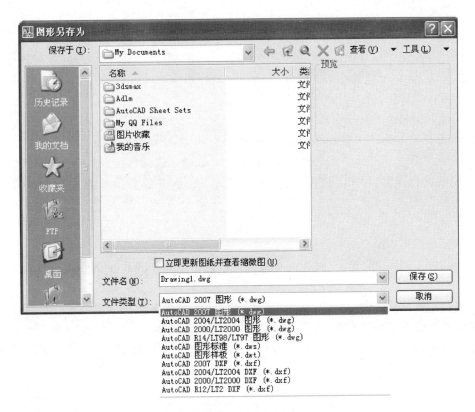

图 7-8 保存图形文件

（二）绘图操作

利用 AutoCAD 绘图工具可以创建各类对象，包括简单的线、圆周、样条曲线、椭圆以及随边界变化而变化的填充区域等。

1. 点的绘制

在 AutoCAD 中，点的输入方式有坐标输入法、距离输入法和鼠标点击等方法。

（1）坐标输入法。

点坐标可以采用直角坐标和极坐标两种输入方式，每种方式又有绝对坐标和相对坐标之分。在输入点坐标的过程中，直角坐标与极坐标、绝对坐标与相对坐标可以任意混用，系统自动识别输入格式。

直角坐标输入方式是输入一个点相对于原点（屏幕左下角 0，0 点）的 X，Y 坐标。如：300，200。

极坐标输入方式是输入一个点相对于原点的斜向距离和角度，如：50<30。

绝对坐标与相对坐标，绝对坐标是每个点的坐标都是以坐标系原点（0，0）为起点计算的；相对坐标则是点的坐标是以前面刚输入的一个点为起点计算，相对坐标输入时要在坐标前面加"@"。

（2）距离输入法。

除了输入坐标值以外，还可以直接用距离输入方法定位点，并且任何绘图命令都可用这一功能。指定了第一个点之后，移动光标即可指定方向，然后输入在这一方向上相对于第一点的距离即可确定下一个点。

（3）鼠标点击。

通过鼠标点击进行定位是比较快捷的方法，为了实现精确定位通常需要借助追踪和对象捕捉工具来进行操作。

2. 线条绘制

线条是 AutoCAD 中最基本的对象。AutoCAD 可以创建各式各样的线条，如直线、多段线、多重平行线等。

（1）绘制直线。

选择绘图工具栏中的"直线"图标或选择"绘图"菜单中的"直线"命令，通过鼠标定位或者命令行坐标输入的方法确定直线的两个端点，按 Enter 键（回车）结束绘制。

（2）绘制多段线。

多段线是由若干相连的直线或弧线组成的，且作为单一对象来使用。

点击绘图工具栏中的"多段线"图标或在命令行中输入命令"pline"，或单击"绘图"菜单栏中的"多段线"命令，连续点击各个线段或者弧线的端点位置即可。绘制过程中可以运用一系列参数对多段线进行调整，如：在命令行中输入"A"表示下面紧接着的是与前一段线段相切的圆弧，此后绘制的圆弧也相切，绘制直线时在命令行输入"L"；输入参数"C"表示将这条多段线封闭。

（3）绘制矩形和多边形。

绘制矩形，点击图标"矩形"，输入一个点后，通过鼠标点击或者在命令行键盘输入确定另一个对角点。

绘制正多边形，首先点击图标"正多边形"，在命令行中输入边的数目（介于 3 到 1024 的数值）或按回车键，接受命令行中的当前数值；在命令行中输入多边形中心点的坐标或鼠标指定中心点位置（C）或在命令行中输入边长（E）；根据命令行中的提示选择多边形是内接于圆（I）还是外切于圆（C）或按回车键接受命令行中的当前值。

（4）绘制曲线。

1）绘制圆，绘制圆有 6 种方法可供选择，菜单中给出了明确的组合，如图 7-9 所示。

系统默认的方法就是圆心和半径的方法，点击绘图工具栏中的"圆"图标，根据命令行中的提示确定圆心的位置，然后输入圆的半径或拖动鼠标到适宜位置单击即可。

2）绘制椭圆和椭圆弧，AutoCAD 可以创建完整的椭圆或椭圆弧，它们都是椭圆的精确表示形式。系统默认的绘制椭圆的方法是：点击绘图工具栏中的"椭圆"图标，指定一条轴的一个端点，然后指定另一个端点，最后在命令行中输入另外一条轴的长度的一半，确定即可。

系统默认的绘制椭圆弧的方法是：点击绘图工具栏中的"椭圆弧"图标，指定一条轴的一个端点，指定此轴的另一个端点，在命令行中输入另外一条轴的长度的一半，然后输入椭圆弧起始角度，最后输入椭圆弧终止角度确定即可。

3）绘制圆弧，圆弧是最常见的曲线形式，绘制的方法有多种，系统默认的是三点确定弧线的方法：点击绘图工具栏中的"圆弧"图标，然后根据命令行中的提示依次确定圆弧的起点、中间点和终点即可。

4）样条曲线，样条曲线是经过一系列定点的光滑曲线，适用于创建形状不规则的曲线，例如绿地、水面、游步道、地形等高线等。做法与多段线相似，点击工具栏中的"样条曲线"图标然后根据命令行中的提示依次输入曲线上的各点，按 Enter 键确认即可。绘制之后可以拖动曲线上的热点对曲线进行调整。

5）云形线，由圆弧首尾相连而成，类似云彩形状的线条称为云形线。云形线本来是设计师在检查图纸时圈阅图形用的，园林上常用来绘制树丛和灌木丛。绘制方法：点击图标"修订云线"，根据命令行中的提示确定弧线的最小弧长和最大弧长，在作图区域内鼠标单击确定起点，沿树丛外缘线移动光标绘出云形线，当光标再次靠近七点时自动闭合。应用此命令还可将已绘制好的封闭图形转变为

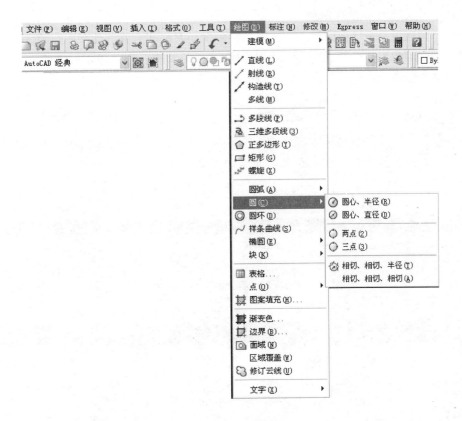

图 7-9　绘制图

云形线边界，启动命令后，在命令行中输入"O"，回车后点击闭合图形，被点击的闭合图形的边界就会变成云形线，并且可根据光标旁的提示选择是否沿弧线方向反转。

（三）图层操作

在 AutoCAD 中，图层就像是透明且重叠的描图纸，使用它可以很好地组织不同类型的图纸信息，将具有相同属性的对象绘制在同一图层上，实现"按需索图"的目的，而且还可以通过修改图层属性对图层内的图形进行统一的调整。

1. 创建新图层和命名图层

开始绘制新图形时，AutoCAD 将自动创建一个名为"0"的特殊图层。默认情况下，图层"0"将被指定使用 7 号颜色（白色或黑色，由背景色决定）、Continuous 线型、"默认"线宽及普通打印样式，用户不能删除或重命名该图层。在绘图过程中，如果用户要使用更多的图层来组织图形，就需要先创建新图层。在"图层特性管理器"对话框中单击"新建图层"按钮，可以创建一个名称为"图层 1"的新图层。默认情况下，新建图层与当前图层的状态、颜色、线型、线宽等设置相同。当创建了图层后，图层的名称将显示在图层列表框中，如果要更改图层名称，可单击该图层名，然后输入一个新的图层名并按 Enter 键即可。如图 7-10 所示。

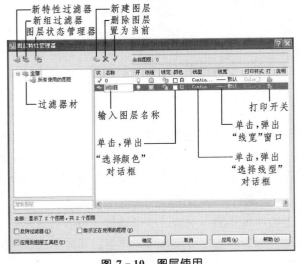

图 7-10　图层使用

2. 使用图层

(1) 使某一图层成为当前图层。

只有当某个图层设置为当前图层，才可以从中创建新对象，并使其具有图层的颜色、线型、线宽和打印样式（所有对象特性保留"随层"缺省值时）。方法如下：在"图层特性管理器"中选择一个图层，单击"置为当前"按钮，单击"确定"按钮即可，或双击"图层特性管理器"中的某一图层名称也可将此层置为当前层。

(2) 改变图层的属性。

图层属性包括：图层的外观属性——可见与不可见，锁定与解锁；图层的特征属性——图层的颜色、线型、线宽、可否打印等。如图 7-11、图 7-12 所示。

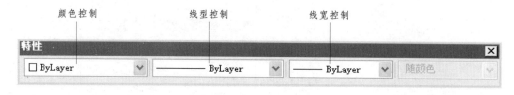

图 7-11　改变图层外观属性

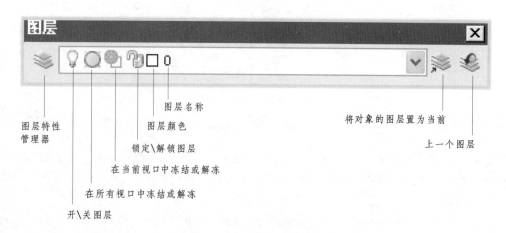

图 7-12　改变图层特征属性

1) 图层的可见与不可见，锁定与解锁。

在图形中，被解冻或关闭的图层是不可见的，也就不会打印，并且在重生成、消隐或渲染对象时，也不会重新计算。如果想要不显示或者不打印某一个或一组图层上的图形时，可以关闭图层或冻结图层。如果要频繁地将图层从可见切换到不可见，可以关闭图层而不用冻结。

如果想查看但不编辑某一图层对象那么可以锁定图层。锁定图层上的对象不能被编辑，然而如果该图层处于被打开状态并被解冻，上面的对象仍是可见的。可以使被锁定的图层成为当前图层，并在其中创建新对象。也可以在锁定图层上使用查询命令并对图层内的图形应用对象捕捉。可以冻结和关闭被锁定的图层并改变它们的相关属性。

2) 改变图层颜色、线型、线宽与打印状态。

图层的特征属性的设置与外观属性设置基本相同，打开"图层特性管理器"，选择要改变属性的图层，单击"颜色"图标，在弹出的"选择颜色"对话框中选择对应的颜色，确认即可，这样整个被选中的图层中的图形都将变为被选中的颜色，如图 7-13 所示。同理，单击"线宽"图标，则可弹出"线宽"对话框，选中所要线宽确认即可，如图 7-14 所示；单击"线型"图标，则可弹出"线型选择"对话框，选中所要线型确认即可，如果没有所要的线型，则可单击"线型选择"对话框中的"加载"按钮，弹出"加载或重载线型"对话框，选中所要线型确定即可加载所要线型，然后再在"线型选择"对话框中选择所需线型确定即可，如图 7-15 所示。

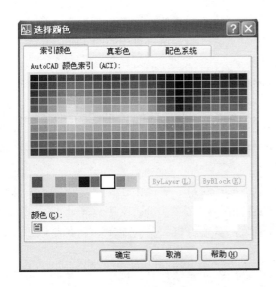

图 7-13　改变图层颜色

图 7-14　改变线宽

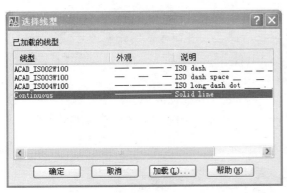

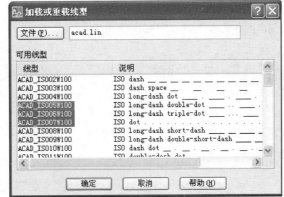

图 7-15　改变线型

（四）文字操作和表格操作

文字对象是 AutoCAD 图形中很重要的图形元素，在一个完整的图样中，通常都包含一些文字说明或注释来说明或标注图样中的一些非图形信息。另外，在 AutoCAD 2007 中，使用表格功能可以创建不同类型的表格，还可以在其他软件中复制表格，以简化制图操作。

可以使用文本工具栏进行文本的输入和编辑，如图 7-16 所示。

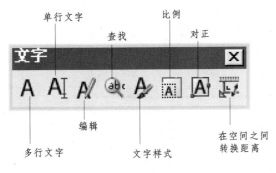

图 7-16　文字工具栏

1. 多行文字与单行文字

"多行文字"又称为段落文字，是一种更易于管理的文字对象，可以由两行以上的文字组成，而且各行文字都是作为一个整体处理。选择"绘图"菜单中的"文字"命令中的"多行文字"命令，或在"绘图"工具栏中单击"多行文字"按钮，然后在绘图窗口中指定一个用来放置多行文字的矩形区域，将打开"文字格式"工具栏和文字输入窗口。利用它们可以设置多行文字的样式、字体及大小等属性。在多行文字的文字输入窗口中，可以直接输入多行文字，也可以在文字输入窗口中右击，从弹出的快捷菜单中选择"输入文字"命令，将已经在其他文字编辑器中创建的文字内容直接导入到当前图形中。

对于单行文字来说，每一行都是一个文字对象，选择"绘图"菜单中的"文字"命令中"单行文字"命令，或在"文字"工具栏中单击"单行文字"按钮，可以创建单行文字对象。

2. 编辑与缩放文字

要编辑创建的多行文字，可选择"修改"菜单中的"对象"命令中的"文字"中的"编辑"命令，并单击创建的多行文字，打开多行文字编辑窗口，然后参照多行文字的设置方法，修改并编辑文字。也可以在绘图窗口中双击输入的多行文字，或在输入的多行文字上右击，从弹出的快捷菜单中选择"重复编辑多行文字"命令或"编辑多行文字"命令，打开多行文字编辑窗口。

单行文字可进行单独编辑，可以选择"修改"菜单中的"对象"命令中"文字"中的命令进行设置。选择"编辑"命令，然后在绘图窗口中单击需要编辑的单行文字，进入文字编辑状态，可以重新输入文本内容；选择"对正"命令，然后在绘图窗口中单击需要编辑的单行文字，此时可以重新设置文字的对正方式。

选择已经写好的文字将其缩放成统一的高度，可以一次缩放多处具有不同字高的文字。选择"比例"命令，然后在绘图窗口中单击需要编辑的单行文字，在命令行中输入缩放的基点以及指定新高度、匹配对象（M）或缩放比例（S）等。

3. 文字样式

在 AutoCAD 中，所有文字都有与之相关联的文字样式。在创建文字注释和尺寸标注时，Auto-CAD 通常使用当前的文字样式。也可以根据具体要求重新设置文字样式或创建新的样式。文字样式包括文字"字体"、"字型"、"高度"、"宽度系数"、"倾斜角"、"反向"、"倒置"以及"垂直"等参数。

选择"格式"菜单中"文字样式"命令，打开"文字样式"对话框或单击文字工具栏中的"文字样式"按钮打开"文字样式"对话框，如图 7-17 所示。利用该对话框可以修改或创建文字样式，并设置文字的当前样式。

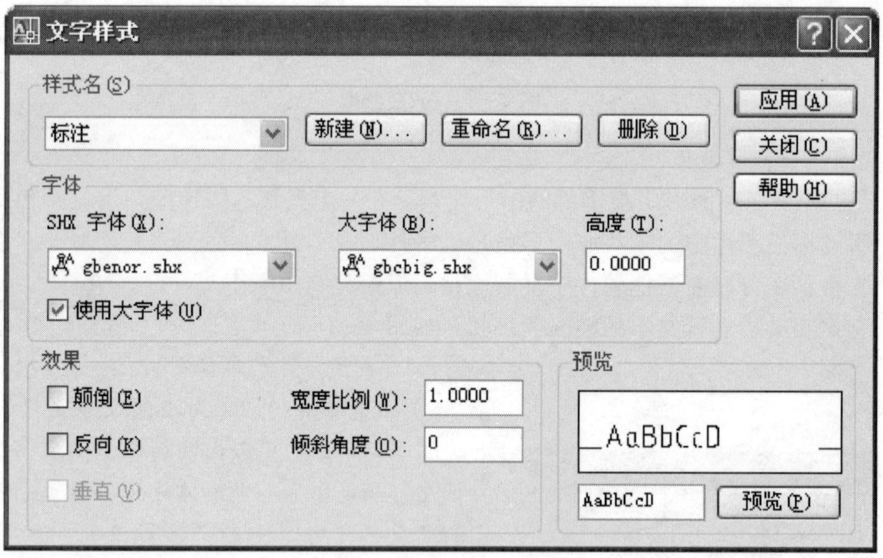

图 7-17　设置文字样式

4. 表格

（1）创建表格。

选择"绘图"菜单中的"表格"命令，打开"插入表格"对话框，如图 7-18 所示。在"表格样式设置"选项组中，可以从"表格样式名称"下拉列表框中选择表格样式，或单击其后的按钮，打开

当前表格样式的文字高度，在预览窗口中显示表格的预览效果。

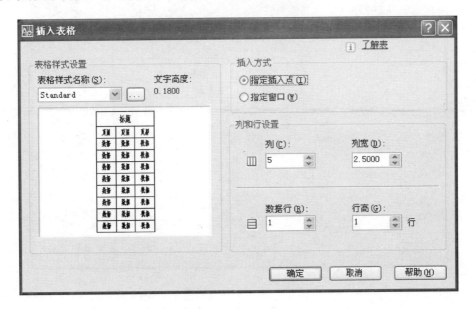

图 7-18　插入表格

在"插入方式"选项组中，选择"指定插入点"单选按钮，可以在绘图窗口中的某点插入固定大小的表格；选择"指定窗口"单选按钮，可以在绘图窗口中通过拖动表格边框来创建任意大小的表格。

在"列和行设置"选项组中，可以通过改变"列"、"列宽"、"数据行"和"行高"文本框中的数值来调整表格的外观大小。

（2）编辑表格。

从表格的快捷菜单中可以看到，可以对表格进行剪切、复制、删除、移动、缩放和旋转等简单操作，还可以均匀调整表格的行、列大小，删除所有特性替代。当选择"输出"命令时，还可以打开"输出数据"对话框，以.csv格式输出表格中的数据。

当选中表格后，在表格的四周、标题行上将显示许多夹点，也可以通过拖动这些夹点来编辑表格。

（3）编辑表格单元。

使用表格单元快捷菜单可以编辑表格单元，其主要命令选项的功能说明如下。"单元对齐"命令：在该命令子菜单中可以选择表格单元的对齐方式，如左上、左中、左下等。"单元边框"命令：选择该命令将打开"单元边框特性"对话框，可以设置单元格边框的线型、颜色等特性。"匹配单元"命令：用当前选中的表格单元格式（源对象）匹配其他表格单元（目标对象），此时鼠标指针变为刷子形状，单击目标对象即可进行匹配。"插入块"命令：选择该命令将打开"在表格单元中插入块"对话框。可以从中选择插入到表格中的块，并设置块在表格单元中的对齐方式、比例和旋转角度等特性。"合并单元"命令：当选中多个连续的表格元格后，使用该子菜单中的命令，可以全部、按列或按行合并表格单元。

（4）新建表格样式。

选择"格式"菜单中的"表格样式"命令，打开"表格样式"对话框，如图7-19所示。单击"新建"按钮，可以使用打开的"创建新的表格样式"对话框，如图7-20所示，创建新表格样式：在"新样式名"文本框中输入新的表格样式名，在"基础样式"下拉列表中选择默认的表格样式，标准的或者任何已经创建的样式，新样式将在该样式的基础上进行修改。然后单击"继续"按钮，将打开"新建表格样式"对话框，如图7-21所示，可以通过它指定表格的行格式、表格方向、边框特性和文本样式等内容。

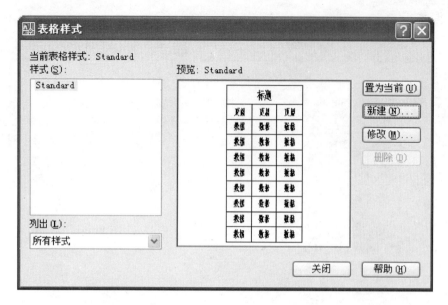

图 7-19　新建表格样式步骤一

图 7-20　新建表格样式步骤二

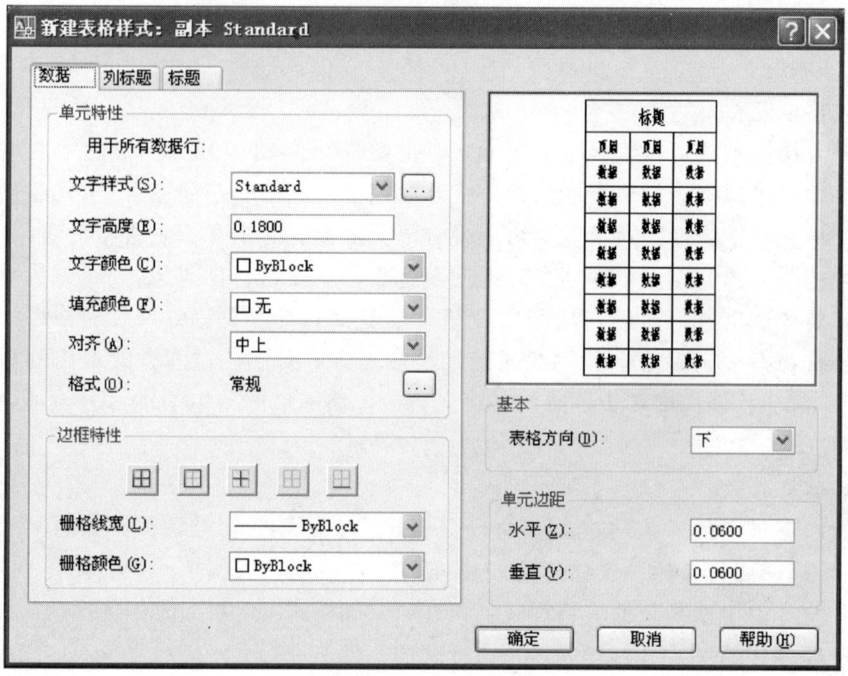

图 7-21　新建表格样式步骤三

（五）标注操作

在图形设计中，尺寸标注是绘图设计工作中的一项重要内容，因为绘制图形的根本目的是反映对象的形状，而图形中各个对象的真实大小和相互位置只有经过尺寸标注后才能确定。AutoCAD 2007包含了一套完整的尺寸标注命令和实用程序，用户使用它们足以完成图纸中要求的尺寸标注。

1. 创建尺寸标注步骤

在AutoCAD 2007中对图形进行尺寸标注的基本步骤如下：

（1）选择"格式"菜单中的"图层"命令，在打开的"图层特性管理器"对话框中创建一个独立的图层，用于尺寸标注。

（2）选择"格式"菜单中的"文字样式"命令，在打开的"文字样式"对话框中创建一种文字样式，用于尺寸标注。

（3）选择"格式"菜单中的"标注样式"命令，在打开的"标注样式管理器"对话框设置标注样式。

（4）使用对象捕捉和标注等功能，对图形中的元素进行标注。

2. 尺寸标注的组成

在园林绘图中，一个完整的尺寸标注应由标注文字、尺寸线、尺寸界线、尺寸线的端点符号及起点等组成，如图7-22所示。

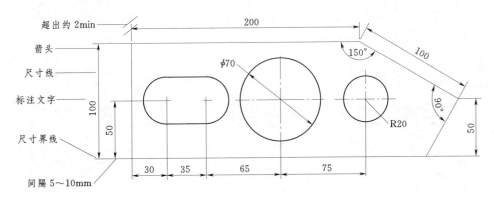

图 7-22　标注的组成

3. 尺寸标注的类型

AutoCAD 2007提供了10余种标注工具用以标注图形对象，分别位于"标注"菜单或"标注"工具栏中，如图7-23所示。使用它们可以进行角度、直径、半径、线型、对齐、连续、圆心及基线等标注。

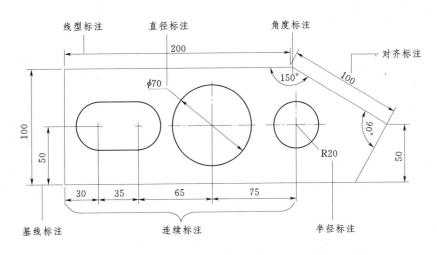

图 7-23　标注的类型

4. 创建标注样式

在 AutoCAD 2007 中，使用"标注样式"可以控制标注的格式和外观，建立强制执行的绘图标准，并有利于对标注格式及用途进行修改。要创建标注样式，选择"格式"菜单中的"标注样式"命令，打开"标注样式管理器"对话框，如图 7-24 所示，单击"新建"按钮，在弹出的"创建新标注样式"对话框中输入新样式名称及基础样式等，如图 7-25 所示，单击"继续"按钮，弹出"新建标注样式"对话框，如图 7-26 所示，在此对话框中设置"直线"、"符号和箭头"、"文字"、"调整"、"主单位"、"换算单位"、"公差"等内容的相关数据，设置完成以后确定即可。

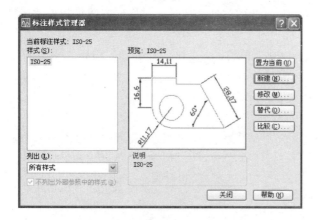

图 7-24 标注样式管理器

图 7-25 创建新标注样式

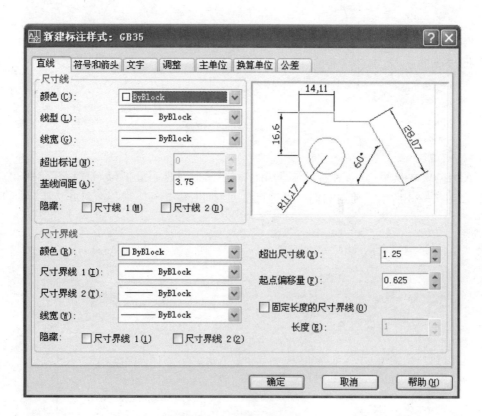

图 7-26 标注样式管理

（六）外部引用操作

在绘制图形时，如果图形中有大量相同或相似的内容，或者所绘制的图形与已有的图形文件相同，则可以把要重复绘制的图形创建成块（也称为图块），并根据需要为块创建属性，指定块的名称、用途及设计者等信息，在需要时直接插入它们，从而提高绘图效率。

当然，用户也可以把已有的图形文件以参照的形式插入到当前图形中（即外部参照），或是通过 AutoCAD 设计中心浏览、查找、预览、使用和管理 AutoCAD 图形、块、外部参照等不同的资源文件。

1. 块操作

块是一个或多个对象组成的对象集合，常用于绘制复杂、重复的图形。一旦一组对象组合成块，就可以根据作图需要将这组对象插入到图中任意指定位置，而且还可以按不同的比例和旋转角度插入。在 AutoCAD 中，使用块可以提高绘图速度、节省存储空间、便于修改图形。

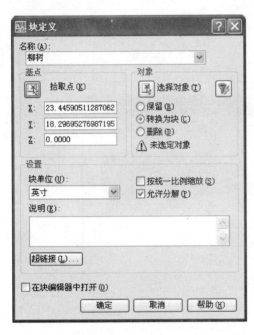

图 7-27　块的创建

（1）创建块。

选择"绘图"菜单中的"块"子菜单中的"创建"命令，或者单击工具栏中的"创建块"工具，打开"块定义"对话框，将已绘制的对象创建为块，如图 7-27 所示。

（2）插入块。

选择"插入"菜单中的"块"命令，或者单击工具栏中的"插入块"工具，打开"插入"对话框。利用此对话框在图形中插入块或其他图形，并且在插入块的同时还可以改变所插入块或图形的比例与旋转角度，如图 7-28 所示。

（3）存储块。

在 AutoCAD 2007 中，使用 WBLOCK 命令可以将块以文件的形式写入磁盘。执行 WBLOCK 命令将打开"写块"对话框，如图 7-29 所示。

（4）块分解。

如果需要修改块图形，需要将其分解。方法是：单击工具栏中的"分解"工具，然后选取需要分解的块，回车即可。块分解后，可以分别点选各个组成部分，对它们进行编辑、修改。如果块中还包含有其他块，需要进行多次分解。

图 7-28　块的插入

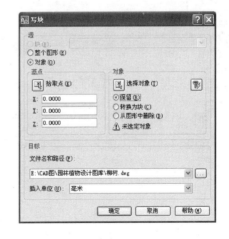

图 7-29　块的存储

2. 外部参照

外部参照与块有相似的地方，但它们的主要区别是：一旦插入了块，该块就永久性地插入到当前图形中，成为当前图形的一部分。而以外部参照方式将图形插入到某一图形（称之为主图形）后，被插入图形文件的信息并不直接加入到主图形中，主图形只是记录参照的关系，例如，参照图形文件的路径等信息。另外，对主图形的操作不会改变外部参照图形文件的内容。当打开具有外部参照的图形时，系统会自动把各外部参照图形文件重新调入内存并在当前图形中显示出来。

图 7-30　外部参照对话框

附着外部参照的步骤如下：选择"插入"菜单中的"外部参照"命令，将打开"外部参照"选项板。在选项板左上方单击"附着 DWG"按钮或在"参照"工具栏中单击"附着外部参照"按钮，都可以打开"选择参照文件"对话框。选择参照文件后，将打开"外部参照"对话框，利用该对话框可以将图形文件以外部参照的形式插入到当前图形中，如图 7-30、图 7-31、图 7-32所示。

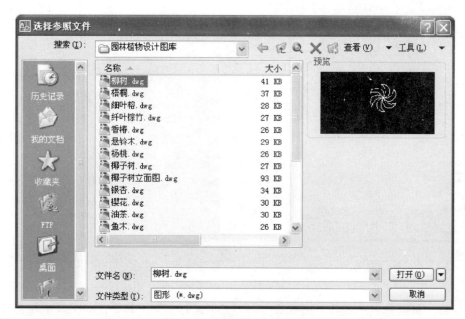

图 7-31　外部参照文件选择

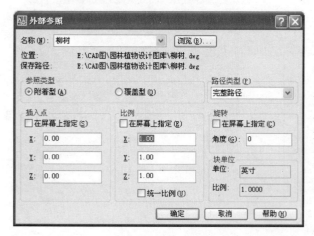

图 7-32　外部参照文件插入

3. AutoCAD 设计中心

AutoCAD 设计中心为用户提供了一个直观且高效的工具，它与 Windows 资源管理器类似。使用 AutoCAD 设计中心，可以管理块、外部参照、光栅图像以及来自其他源文件或应用程序的内容。而且，如果同时打开多个图形，就可以通过在图形之间复制和粘贴内容来简化绘图过程。

（1）AutoCAD 设计中心的功能。

在 AutoCAD 2007 中，使用 AutoCAD 设计中心可以完成如下工作。

1）创建对频繁访问的图形、文件夹和 Web 站点的快捷方式。

2）根据不同的查询条件在本地计算机和网络上查找图形文件，找到后可以将它们直接加载到绘图区或设计中心。

3）浏览不同的图形文件，包括当前打开的图形和 Web 站点上的图形库。

4）查看块、图层和其他图形文件的定义并将这些图形定义插入到当前图形文件中。

5）通过控制显示方式来控制设计中心控制板的显示效果，还可以在控制板中显示与图形文件相关的描述信息和预览图像。

（2）AutoCAD 设计中心使用方法。

选择"工具"菜单中的"设计中心"命令，或在"标准"工具栏中单击"设计中心"按钮，可以打开"设计中心"窗口，如图 7 - 33 所示。

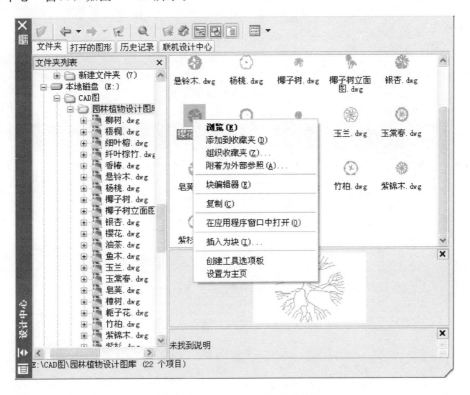

图 7 - 33　AutoCAD 设计中心使用

这一窗口类似于 Windows 资源管理器，操作方式也比较相似，同样可以进行拖动、拉伸、文件查找等操作。点击某一文件前的"＋"，展开下拉列表，列表中包括文件中的块、标注样式、文字样式、图层结构以及外部参照等内容，选择需要引入的部分，在右边的窗口中将出现该文件所包含的内容，如图右侧窗口所示，列出的是该文件中包含的块及其预览图像。如果要引入某一块，点选该图标后单击鼠标右键出现如图所示的快捷菜单，点击"插入为块"即可。

第三节　实　战　演　练

在设计阶段，对于 AutoCAD 的利用有两种形式，一种是根据已知的尺度关系直接在 AutoCAD 中设计、绘图，此种形式往往是甲方提供现状图，设计人员在此基础上进行设计、制图。另一种方式就是手工绘制草图，导入计算机中，再用 AutoCAD 描图、修改、调整。下面介绍用 AutoCAD 2007 描绘底图的过程。

一、导入底图

打开 AutoCAD 2007 软件之后，点击菜单"插入"中的"光栅图像参照"命令，出现"选择图像文件"对话框，在查找范围中找到"小游园.jpg"文件，如图 7 - 34 所示。单击"打开"，弹出"图像"对话框，如图 7 - 35 所示，设置各项内容后单击"确定"即可。然后根据命令行的提示进行设置，使图形缩放为实际大小，如图 7 - 36 所示。

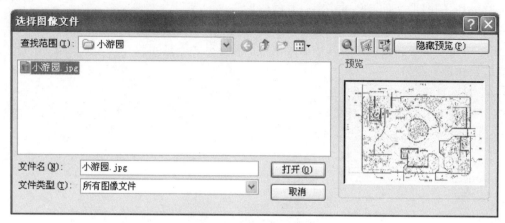

图 7 - 34　选择图像文件

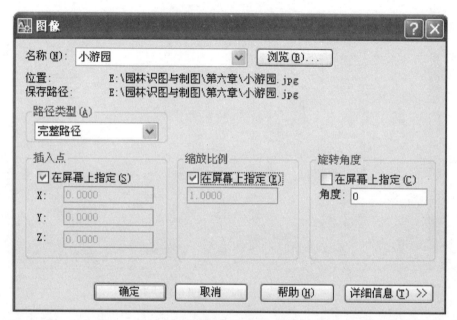

图 7 - 35　插入图像文件

二、设置图层

点击"图层特性管理器"按钮，弹出"图层特性管理器"对话框，新建如图 7 - 37 所示的图层，单击"确定"完成设置。并把"底图"层设为当前层。

三、描绘底图

（一）描绘边界

以"边界"图层为当前层，绘制底图的边界。

点击"窗口缩放"按钮，用鼠标在图的左上角画一区域，放大图的左上角，如图 7 - 38 （a）所示。

鼠标点选"矩形"工具或在命令行中输入：rec。

在命令行【指定第一个交点或 ［倒角（C）/标高（E）/圆角（F）/厚度（T）/宽度（W）］：】的提示下，单击左上角的水平和垂直边界交点。

在【指定另一个角点或 ［尺寸（D）］：】的提示下，全屏显示。再点击"窗口缩放"按钮，在图的右下角画一区域，放大右下角，如图 7 - 38 （b）所示。用鼠标在右下角的水平和垂直边界的交点处单击，绘制出边界的边缘线。

打开【查询】工具条，点击"距离"按钮，在矩形的右下角点击，再在水平线与圆角相切的点单

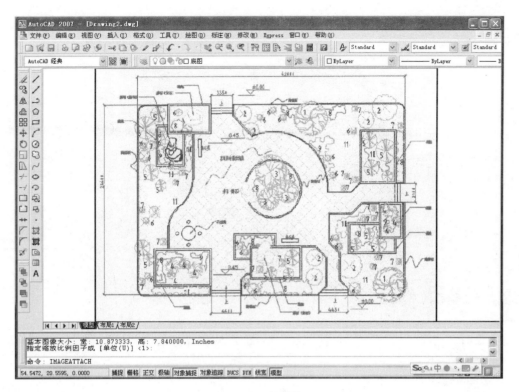

图 7-36 缩放图像

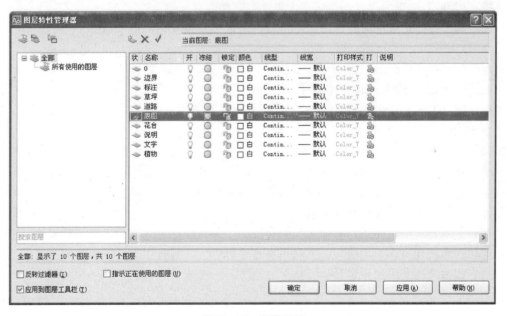

图 7-37 设置图层

击。在提示行中显示圆角半径约为 1000。

在命令行中输入：fillet。

在【选择第一个对象或［多段线（P）/半径（R）/修剪（T）/多个（U）］:】的提示下，输入：r。

在【指定圆角半径＜0＞:】提示下，输入：1000。

在【选择第一个对象或［多段线（P）/半径（R）/修剪（T）/多个（U）］:】的提示下，输入：P。

在【选择二维多段线:】的提示下，用鼠标单击选择矩形，矩形四个角已同时被做圆角处理。

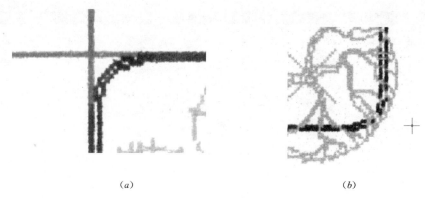

(a) (b)

图 7-38 放大图像

在命令行输入：offset。

在【指定偏移距离或［通过（T）］＜通过＞：】的提示下，输入：T。

在【选择要偏移的对象或＜退出＞：】的提示下，放大图的一角，选择矩形线。

在【指定通过点：】的提示下，根据"底图"，确定偏移通过的点并单击，结果如图 7-39 所示。

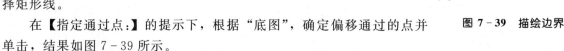

图 7-39 描绘边界

（二）描绘道路、广场、花台

放大"底图"上端道路入口处，在命令行输入：pline。

在【指定起点：】的提示下，用鼠标在上方入口右侧边界线的上端单击。

然后按"底图"的道路走向进行描绘。当道路是水平或垂直时打开正交模式（按＜F8＞键），否则关闭。

当遇到弧时，在【指定下一点或［圆弧（A）/闭合（C）/半宽（H）/长度（L）/放弃（U）/宽度（W）］：】提示下，输入：a，再输入：s。

在【指定圆弧上的第二个点：】的提示下，用鼠标在弧的中间单击。

在【指定圆弧的端点：】的提示下，用鼠标在弧的端点单击。

当由弧变直线时，输入：L。继续画直线，一直到图右侧边界，稍微超过边界线时单击。当看不见图右侧时，按鼠标中间滚轮出现"实时移动"图标时移动画面。

完成一段绘制后，放大视图，进行偏移操作，结果如图 7-40 所示。

用同样方法，继续进行其他路线的描绘。

以"花台"为当前层，使用矩形命令根据底图的位置描绘花台，然后进行偏移操作。

利用剪切命令剪切掉多余的线段。再利用夹点编辑方法，结合正交、对象捕捉、对象追踪命令调整花台与边界墙与道路边缘的位置关系。结果如图 7-41 所示。

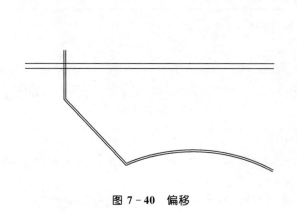

图 7-40 偏移

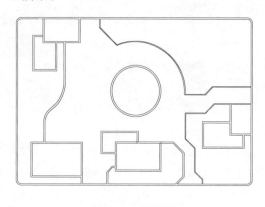

图 7-41 描绘花台

（三）图案填充

新建"广场填充"、"花台填充"和"草坪填充"图层，并分别设不同颜色。

以"广场填充"为当前层。

单击"图案填充"按钮，出现"边界图案填充"对话框。选择【图案填充】，在【比例】栏中输入：100，然后单击"拾取点"按钮，在图中广场处单击，回车，回到对话框，单击【确定】，完成填充操作。

用同样方法填充草坪，但是会发现草坪点太稀疏，因此进行填充编辑。

打开菜单【修改】\【对象】\【图案填充】。

在【选择关联填充对象：】提示下，用鼠标单击草坪中的点，出现"图案填充编辑"对话框，把【比例】改为"20"，单击【确定】。

用同样方法填充花台，结果如图7－42所示。

（四）种植植物

利用现有的植物平面图块，通过菜单【插入】\【图块】命令设计种植植物，并调整图块的大小。利用【修订】去线，绘制灌木丛。结果如图7－43所示。

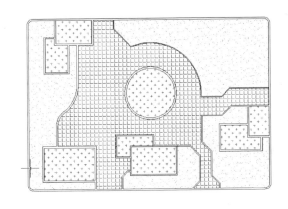

图7－42　图案填充

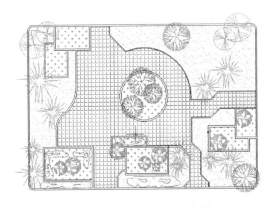

图7－43　插入植物图块

（五）标注

1. 标注样式设定

打开菜单【格式】\【标注样式】，单击【新建】按钮，出现"创建新标注样式"对话框，输入新标注样式名称。

单击【继续】按钮，出现"新建标注样式：小游园标注"对话框，在【直线】、【符号和箭头】、【文字】、【主单位】等选项卡中设置参数。单击【确定】回到"标注样式管理器"对话框。选择"小游园标注"，单击【置为当前】按钮，关闭对话框。关闭"植物"（包括在插入植物图块时自动形成的图层）和"填充"图层，以"标注"图层为当前层。

2. 标注

打开【标注】工具条，按"线性标注"按钮。

在【指定第一条尺寸界线原点或<选择对象>：】的提示下，用鼠标捕捉边界左上角外缘线端点。

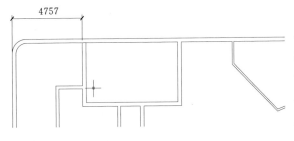

图7－44　尺寸标注

在【指定第二条尺寸界线原点：】的提示下，用鼠标捕捉"花台"的左边界。在【指定尺寸线位置或［多行文字（M）/文字（T）/角度（A）/水平（H）/垂直（V）/旋转（R）］：】的提示下，将光标放在图形上端适当的位置单击，如图7－44所示。

然后用鼠标单击"基线标注"按钮。

在【指定第二条尺寸界线原点或［放弃（U）/

选择（S）] ＜选择＞:】的提示下，继续用鼠标向右连续单击有明显特征点的位置。然后连续回车两次，结束命令。结果如图 7－45 所示。

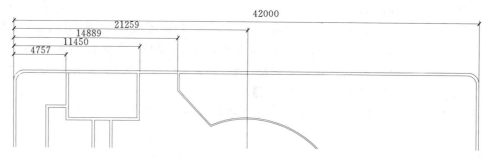

图 7－45 基线标注

再用连续标注方法，标注图形下端明显特征点。与基线标注方法相同，首先进行线性标注。然后再单击"连续标注"按钮，结果如图 7－46 所示。

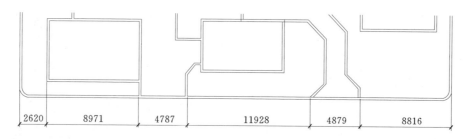

图 7－46 连续标注

标注中心广场半径。单击"半径标注"按钮。

在【选择圆弧或圆:】的提示下，用鼠标选择中心广场的圆边界。

在【指定尺寸线位置或［多行文字（M）／文字（T）／角度（A）]:】提示下，选择适当的位置单击鼠标，结果如图 7－47 所示。

打开"填充"图层，再单击"快速引线"按钮。

在【指定第一个引线点或［设置（S）＜设置＞:】的提示下，直接回车，出现"引线设置"对话框。在【引线和箭头】选择选项卡中的【引线】栏中选择"样条曲线"，单击【确定】。

在【指定第一个引线点或［设置（S）＜设置＞:】提示下，用鼠标在广场适当的位置单击。

在【指定下一点:】的提示下，用鼠标指定下一点，再指定下一点。

在【指定文字宽度＜1377＞:】提示下，回车。

在【输入注释文字的第一行＜多行文字（M）＞:】提示下，回车。

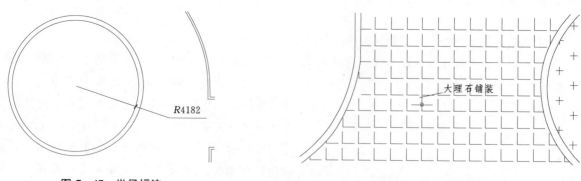

图 7－47 半径标注   **图 7－48 引线标注**

出现"文字格式"对话框，选择文字格式和字体后，输入：大理石铺装，单击【确定】。结果如图 7－48 所示。

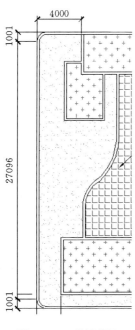

4000

1001

27096

1001

图 7-49 快速标注

单击"快速标注"按钮。

在【选择要标注的几何图形：】提示下，用鼠标单击图形的左侧边界外缘线，回车。

在【指定尺寸线位置或［连续（C）/并列（S）/基线（B）/坐标（O）/半径（R）/直径（D）/基准点（P）编辑（E）/设置（T）］<连续>：】的提示下，指定尺寸线位置。结果如图 7-49 所示。

（六）插入图框

打开"设计中心"对话框，如图 7-50 所示。选择已经绘制好的带有属性的"A3 园林横向"图块。点击鼠标右键，选择【插入块】命令单击，出现"插入"对话框，设置参数如图7-51所示。

单击【确定】后关闭"设计中心"对话框。在屏幕上用"缩放工具"按钮调整图形的大小，并用鼠标点击指定合适位置为插入点。在命令行的提示下，分别输入"日期"、"比例"、"图号""图别"、"工程项目"、"建设单位"、"设计单位"，按回车键。结果如图 7-52 所示。

（七）图面布局

由图 7-52 可见，在图框内图形的右侧有一空白处，可放"植物种植表"。

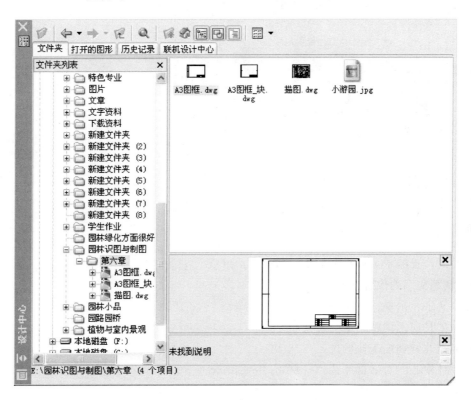

图 7-50 插入图框

打开菜单【插入】\【OLE 对象】，出现"插入对象"对话框。

在【对象类型】栏中，选择"Microsoft Word 文档"，并选择【由文件创建】。

然后，单击【浏览】按钮，找到需要插入的文档。单击【确定】。回到画面后，用夹点编辑的方法调整文档的大小，并用移动工具将文档放到适当位置。

（1）输入图名。

打开菜单【格式】\【文字样式】，出现"文字样式"对话框，新建"图名"文字样式。

点击"多行文字"按钮。

图 7-51 图框缩放

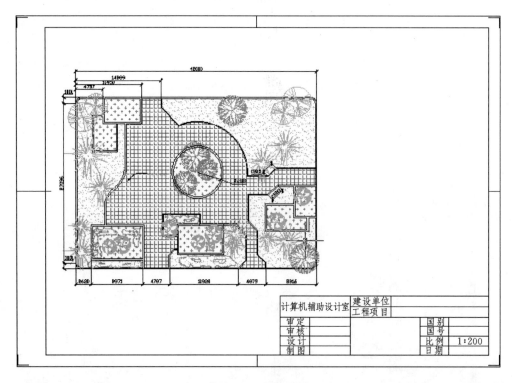

计算机辅助设计室		建设单位	
		工程项目	
审 定		国 别	
审 核		国 号	
设 计		比 例	1:200
制 图		日 期	

图 7-52 图框填写

在文字输入位置的左上角和右下角分别单击，出现"文字格式"对话框，输入：小游园设计，单击【确定】。调整文字的位置。

双击图中文字，出现"文字格式"对话框。调整文字的间距（文字间加一空格），单击【确定】。

再用移动工具向上调整图框的位置。

（2）插入指北针和输入比例尺。

打开"设计中心"对话框。选择一磁北针，插入图形中，放到右上角位置。

在表格的下端输入文字为"比例尺：1：200"（在插图框时，将图框放大了 200 倍，因此图的比例为 1：200。）

在图形下方，输入：设计说明（示例），字体用"仿宋体"，并执行【修改】\【对象】\【文字】\【比例】命令调整字体大小。图画布局完成，结果如图 7-53 所示。

四、打印输出

AutoCAD 2007 打印输出方法很多，下面介绍常用的一种方法。

打开菜单【文件】\【页面设置管理器】，单击【新建】按钮，在【新页面设置名】中输入：小游园，在【基础样式】中选择"模型"，单击【确定】。

出现"页面设置—模型"对话框。在"打印机/绘图仪"中的【名称】右侧的下拉列表中选择打

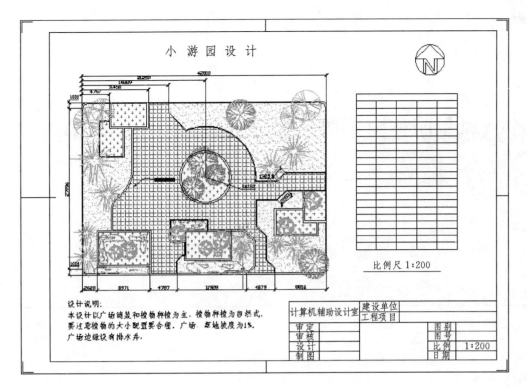

小 游 园 设 计

比例尺1:200

设计说明:
本设计以广场铺装和植物种植为主。植物种植为自然式。
要注意植物的大小配置要合理。广场、草地坡度为1%。
广场边缘设有排水井。

计算机辅助设计室		建设单位			
		工程项目			
审定				图别	
审核				图号	
设计				比例	1:200
制图				日期	

图 7 - 53   图面布局

印机。在【图纸尺寸】中选择"A3"图纸。单击【确定】回到"页面设置管理器"。将"小游园"图层置为当前层,关闭对话框。

打开菜单【文件】\【打印】,出现"打印—模型"对话框。

在【打印范围】中选择"窗口"。

在【指定第一个角点:】的提示下,用鼠标捕捉图框外框的左上角,然后捕捉右下角,回到"打印—模型"对话框,进行设置。

单击【预览】按钮,出现预览界面,然后点击鼠标右键,在出现的快捷菜单中选择【打印】命令,打印机开始打印。

《风景园林图例图示标准》(CJJ 67—95)(节选)

2 风景名胜区与城市绿地系统规划图例

2.1 地界

序 号	名 称	图 例	说 明
2.1.1	风景名胜区（国家公园），自然保护区等界	— — — · — · — · —	
2.1.2	景区功能分区界	— — · — · — · —	
2.1.3	外围保护地带界	⊥ ⊥ ⊥ ⊥ ⊥ ⊥	
2.1.4	绿地界	——————	用中实线表示

2.2 景点、景物

序 号	名 称	图 例	说 明
2.2.1	景点	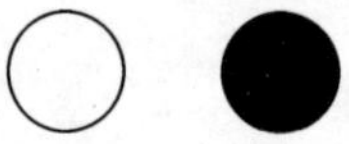 ○ ●	各级景点依圆的大小相区别，左图为现状景点、右图为规划景点
2.2.2	古建筑		2.2.2~2.2.9所列图例宜供宏观规划时用，其不反映实际地形及形态，需区分现状与规划时，可用单线圆表示现状景点、景物，双线圆表示规划景点、景物
2.2.3	塔		
2.2.4	宗教建筑（佛教、道教、基督教……）		
2.2.5	牌坊、牌楼		

序　号	名　称	图　例	说　明
2.2.6	桥		
2.2.7	城墙		
2.2.8	墓、墓园		
2.2.9	文化遗址		
2.2.10	摩崖石刻		
2.2.11	古井		
2.2.12	山岳		
2.2.13	孤峰		
2.2.14	群峰		
2.2.15	岩洞		也可表示地下人工景点
2.2.16	峡谷		
2.2.17	奇石、礁石		
2.2.18	陡崖		
2.2.19	瀑布		
2.2.20	泉		
2.2.21	温泉		

序　号	名　　称	图　例	说　　明
2.2.22	湖泊		
2.2.23	海滩		溪滩也可用此图例
2.2.24	古树名木		
2.2.25	森林		
2.2.26	公园		
2.2.27	动物园		
2.2.28	植物园		
2.2.29	烈士陵园		

2.3　服务设施

序　号	名　　称	图　例	说　　明
2.3.1	综合服务设施点		各级服务设施可依方形的大小相区别。左图为现状设施、右图为规划设施
2.3.2	公共汽车站		2.3.2～2.3.23 所列图例宜供宏观规划时用，其不反映实际地形及形态，需区分现状与规划时，可用单线方框表示现状设施，双线方框表示规划设施
2.3.3	火车站		
2.3.4	飞机场		
2.3.5	码头、港口		
2.3.6	缆车站		
2.3.7	停车场	 	室内停车场外框用虚线表示

序　号	名　称	图　例	说　明
2.3.8	加油站		
2.3.9	医疗设施点		
2.3.10	公共厕所	WC	
2.3.11	文化娱乐点		
2.3.12	旅游宾馆		
2.3.13	度假村、休养所		
2.3.14	疗养院		
2.3.15	银行		包括储蓄所、信用社、证券公司等金融机构
2.3.16	邮电所（局）		
2.3.17	公用电话点		包括公用电话亭、所、局等
2.3.18	餐饮点		
2.3.19	风景区管理站（处、局）		
2.3.20	消防站、消防专用房间		
2.3.21	公安、保卫站		
2.3.22	气象站		
2.3.23	野营地		

2.4 运动娱乐设施

序　号	名　　称	图　例	说　明
2.4.1	天然游泳场		
2.4.2	水上运动场		
2.4.3	游乐场		
2.4.4	运动场		
2.4.5	跑马场		
2.4.6	赛车场		
2.4.7	高尔夫球场		

2.5 工程设施

序　号	名　　称	图　例	说　明
2.5.1	电视差转台		
2.5.2	发电站		
2.5.3	变电所		
2.5.4	给水厂		
2.5.5	污水处理厂		
2.5.6	垃圾处理站		
2.5.7	公路、汽车游览路		上图以双线表示，用中实线； 下图以单线表示，用粗实线
2.5.8	小路、步行游览路	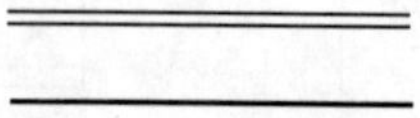	上图以双线表示，用细实线； 下图以单线表示，用中实线

序 号	名 称	图 例	说 明
2.5.9	山地步游小路	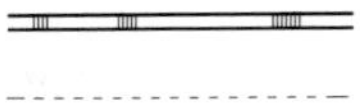	上图以双线加台阶表示，用细实线；下图以单线表示，用虚线
2.5.10	隧道		
2.5.11	架空索道线		
2.5.12	斜坡缆车线		
2.5.13	高架轻轨线		
2.5.14	水上游览线		细虚线
2.5.15	架空电力电讯线	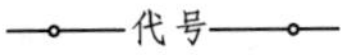 ——○—— 代 号 ——○——	粗实线中插入管线代号，管线代号按现行国家有关标准的规定标注
2.5.16	管线	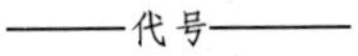 —— 代 号 ——	

2.6 用地类型

序 号	名 称	图 例	说 明
2.6.1	村镇建设地	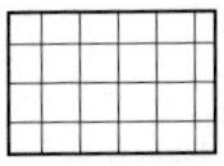	
2.6.2	风景游览地	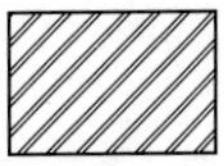	图中斜线与水平线成45°角
2.6.3	旅游度假地	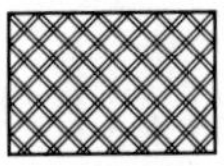	
2.6.4	服务设施地	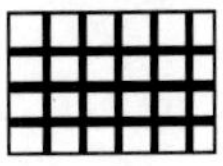	
2.6.5	市政设施地	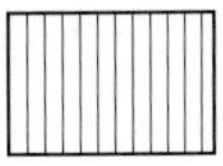	
2.6.6	农业用地		
2.6.7	游憩、观赏绿地	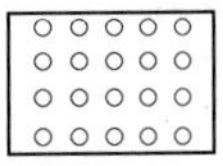	

序　号	名　　称	图　例	说　　明
2.6.8	防护绿地		
2.6.9	文物保护地		包括地面和地下两大类，地下文物保护地外框用粗虚线表示
2.6.10	苗圃或花圃用地		
2.6.11	特殊用地		
2.6.12	针叶林地		2.6.12～2.6.17 表示林地的线性图例中也可插入 GB 7929—87 的相应符号，需区分天然林地、人工林
2.6.13	阔叶林地		地时，可用细线界框表示天然林地，粗线界框表示人工林地
2.6.14	针阔混交林地		
2.6.15	灌木林地		
2.6.16	竹林地		
2.6.17	经济林地		
2.6.18	草原、草甸		

3　园林绿地规划设计图例

3.1　建筑

序　号	名　　称	图　例	说　　明
3.1.1	规划的建筑物		用粗实线表示
3.1.2	原有的建筑物		用细实线表示
3.1.3	规划扩建的预留地或建筑物		用中虚线表示

序　号	名　　称	图　例	说　明
3.1.4	拆除的建筑物		用细实线表示
3.1.5	地下建筑物		用粗虚表示
3.1.6	坡屋顶建筑		包括瓦顶、石片顶、饰面砖顶等
3.1.7	草顶建筑或简易建筑		
3.1.8	温室建筑		

3.2　山石

序　号	名　　称	图　例	说　明
3.2.1	自然山石假山		
3.2.2	人工塑石假山		
3.2.3	土石假山		包括"土包石"、"石包土"及土假山
3.2.4	独立景石		

3.3　水体

序　号	名　　称	图　例	说　明
3.3.1	自然形水体		
3.3.2	规则形水体		
3.3.3	跌水、瀑布		
3.3.4	旱涧		
3.3.5	溪涧		

3.4 小品设施

序 号	名 称	图 例	说 明
3.4.1	喷泉		仅表示位置，不表示具体形态，以下同； 也可根据设计形态表示
3.4.2	雕塑		
3.4.3	花台	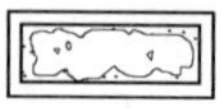	
3.4.4	坐凳		
3.4.5	花架	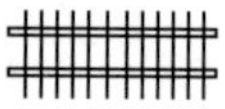	
3.4.6	围墙	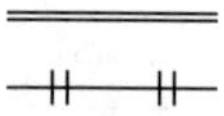	上图为石砌或漏空围墙； 下图为栅栏或篱笆围墙
3.4.7	栏杆	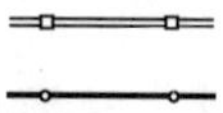	上图为非金属栏杆； 下图为金属栏杆
3.4.8	园灯		
3.4.9	饮水台		
3.4.10	指示牌		

3.5 工程设施

序 号	名 称	图 例	说 明
3.5.1	护坡	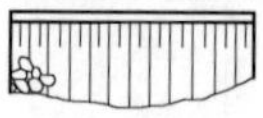	
3.5.2	挡土墙	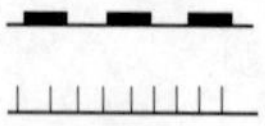	突出的一侧表示被挡土的一方
3.5.3	排水明沟	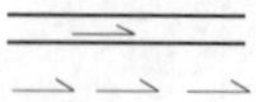	上图用于比例较大的图面； 下图用于比例较小的图面
3.5.4	有盖的排水沟	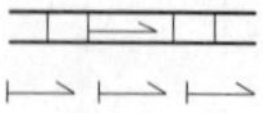	上图用于比例较大的图面； 下图用于比例较小的图面
3.5.5	雨水井		

序　号	名　　称	图　例	说　明
3.5.6	消火栓井		
3.5.7	喷灌点		
3.5.8	道路	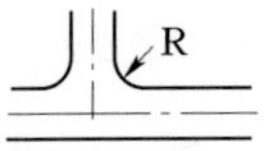	
3.5.9	铺装路面	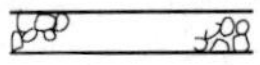	
3.5.10	台阶	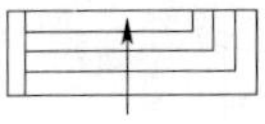	
3.5.11	铺砌场地	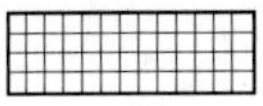	也可根据设计形态表示
3.5.12	车行桥	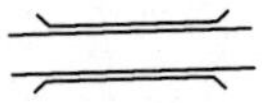	也可根据设计形态表示
3.5.13	人行桥	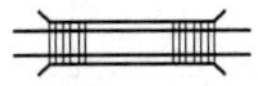	
3.5.14	亭桥	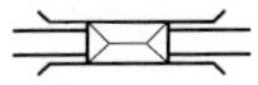	
3.5.15	铁索桥	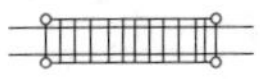	
3.5.16	汀步	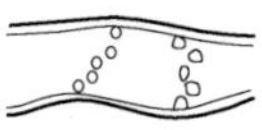	
3.5.17	涵洞	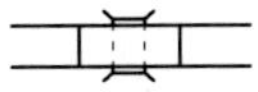	
3.5.18	水闸	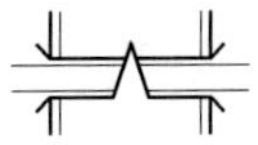	
3.5.19	码头	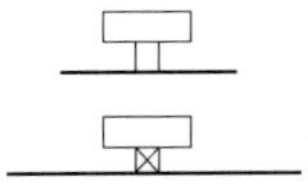	上图为固定码头； 下图为浮动码头
3.5.20	驳岸	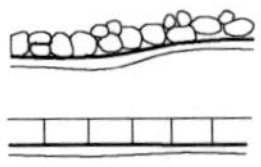	上图为假山石自然式驳岸； 下图为整形砌筑规划式驳岸

3.6 植物

序　号	名　　称	图　例	说　明
3.6.1	落叶阔叶乔木		3.6.1～3.6.14 中 落叶乔、灌木均不填斜线； 常绿乔、灌木加画 45°细斜线。 阔叶树的外围线用弧裂形或圆形线； 针叶树的外围线用锯齿形或斜刺形线。 乔木外形呈圆形。 灌木外形呈不规则形，乔木图例中粗线小圆表示现有乔木，细线小十字表示设计乔木。 灌木图例中黑点表示种植位置。 凡大片树林可省略图例中的小圆、小十字及黑点
3.6.2	常绿阔叶乔木		
3.6.3	落叶针叶乔木		
3.6.4	常绿针叶乔木		
3.6.5	落叶灌木		
3.6.6	常绿灌木		
3.6.7	阔叶乔木疏林		
3.6.8	针叶乔木疏林		常绿林或落叶林根据图面表现的需要加或不加 45°细斜线
3.6.9	阔叶乔木密林		
3.6.10	针叶乔木密林		
3.6.11	落叶灌木疏林		
3.6.12	落叶花灌木疏林		
3.6.13	常绿灌木密林		
3.6.14	常绿花灌木密林		
3.6.15	自然形绿篱		
3.6.16	整形绿篱		

序　号	名　　称	图　例	说　明
3.6.17	镶边植物		
3.6.18	一、二年生草本花卉		
3.6.19	多年生及宿根草本花卉		
3.6.20	一般草皮		
3.6.21	缀花草皮		
3.6.22	整形树木		
3.6.23	竹丛		
3.6.24	棕榈植物		
3.6.25	仙人掌植物		
3.6.26	藤本植物		
3.6.27	水生植物		

4　树　木　形　态　图　示

4.1　枝干形态

序　号	名　　称	图　例	说　明
4.1.1	主轴干侧分枝形		
4.1.2	主轴干无分枝形		

序 号	名 称	图 例	说 明
4.1.3	无主轴干多枝形		
4.1.4	无主轴干垂枝形		
4.1.5	无主轴干丛生形		
4.1.6	无主轴干匍匐形		

4.2 树冠形态

序 号	名 称	图 例	说 明
4.2.1	圆锥形		树冠轮廓线,凡针叶树用锯齿形;凡阔叶树用弧裂形表示
4.2.2	椭圆形		
4.2.3	圆球形		
4.2.4	垂枝形		
4.2.5	伞形		
4.2.6	匍匐形		

参 考 文 献

［1］ 清华大学建筑系制图组编．建筑制图与视识图．第 2 版．北京：中国建筑工业出版社，1982.

［2］ 钟训正．建筑制图．南京：东南大学出版社，1990.

［3］ 孙根正．工程制图基础．西安：西北工业大学出版社，2001.

［4］ 王晓俊．风景园林设计．南京：江苏科学技术出版社，2008.

［5］ 宋兆全．画法几何及制图基础．武汉：武汉大学出版社．1989.

［6］ 王浩．园林制图．南京：东南大学出版社．2000.

［7］ 谷康．园林制图与识图．南京：东南大学出版社．2002.

［8］ 许松照．画法几何与阴影透视．北京：中国建筑工业出版社，1979.

［9］ 吴运华．建筑制图与识图．武汉：武汉工业大学出版社，2004.

［10］ 马晓燕．园林制图．北京：气象出版社，2001.

［11］ 葛大伟．园林制图．北京：中国矿业大学出版社，2004.

［12］ 宋安平．建筑制图．北京：中国建筑工业出版社，1997.

［13］ 哈尔滨建筑学院制图教研室主编．画法几何与阴影透视（上）．北京：中国建筑工业出版社，1979.

［14］ 钟训正．建筑画环境表现与技法．北京：中国建筑工业出版社，1985.

［15］ 高雷．建筑配景画图集．江苏：东南大学出版社，1995.

［16］ 彭敏，林晓新．实用园林制图．广州：华南理工大学出版社，1997.

［17］ 同济大学等合编．城市园林绿地规划．北京：中国建筑工业出版社，1982.

［18］ ［美］诺曼·K．布思著，曹礼昆，等译．风景园林设计要素．北京：中国林业出版社，1989.

［19］ 奇普·沙利文．景观绘画．大连：大连理工大学出版社，2007.

［20］ 夏兰西，王乃弓．建筑与水景．天津：天津科学技术出版社，1986.

［21］ 金煜．园林制图．北京：化学工业出版社．2005.

［22］ 张淑英．园林工程制图．北京：高等教育出版社．2005.

［23］ 常会宁．园林制图．北京：中国农业出版社．2009.

［24］ 吴机际．园林制图．广州：华南理工大学出版社．2006.